知ってびっくり

子どもの脳に有害な化学物質のお話

●プラスチック製品

●消臭剤

●こげつかない鍋

●歯磨き剤

●柔軟剤

NPO法人ダイオキシン・
環境ホルモン対策国民会議理事
水野玲子［著］

食べもの通信社

はじめに

「先進諸国で今、子どもに起きているもっとも大きな問題は？」と聞けば、発達障害という答えが返ってくるようになりました。ひと昔前まではアトピーやアレルギーが問題でしたが、最近では落ち着きがなく集中できない子ども（注意欠如多動性障害＝ＡＤＨＤ）、他人とのコミュニケーションがうまくとれない子ども（自閉症）などが激増し、日本でも親や教育現場はその対応に追われています。

また、この数十年間に、日本を含めた先進諸国で、乳がん、前立腺がんなどのホルモン依存性がん、不妊症や生殖異常など、さまざまな病気が増えてきました。各々の病気については研究がすすみ、最新の知見にもとづいた治療がおこなわれていますが、原因はいったいどこにあるのでしょうか。

欧米では過去半世紀に及ぶ人工化学物質の激増がこれら数多くの疾患の根底にあり、それらが私たちの体のホルモン、免疫、神経などの基本的システムを刺激して、その正常な働きを混乱させているのではないかとみられています。

現代社会にはすでに10万種類以上の化学物質が出回っており、さらに毎年、

1000種類もの新たな化学物質が登場しています。あまりに数が多いので、安全性を確かめる試験が追いつかないのです。そうした状況のなかで、身の回りにあるプラスチックや家具、カーペット、ファストフードの包み紙などから、知らないうちに危険な化学物質が染み出し、私たちの体に影響を与えています。

とくに、妊婦や子どもへの影響が大きいことが、この数十年間の世界中の科学者たちの研究によって明らかになってきました。うっかり日常生活のなかで化学物質をたくさん浴びてしまうと、自分だけでなく、子どもや孫の世代の脳神経の発達にまで、その影響が及ぶことを示す科学的証拠も蓄積されてきたのです。

あなたが毎日使う化粧品や生活用品、ヘアカラーや香水、殺虫剤や防水スプレー、消臭剤や芳香剤、目に見えない化学物質のことを少しでも知っていれば、危ない化学物質を浴びる量を減らすことができます。あなたと大切な子どもを守るために、本書がお役に立てれば幸いです。

本書は、月刊『食べもの通信』の2013年から4年間の連載に加筆したものです。その間に家庭栄養研究会の編集委員会にたいへんお世話になりました。また、食べもの通信社の佐々木悦子さんには本書の作成にご尽力いただき、心より感謝申しあげます。

水野玲子

もくじ

装幀　食べもの通信社デザイン室
イラスト　ＯＴＯ／チブカマミ／Ｓｈｉｍａ.
組版　守谷義明＋六月舎／Ｓｈｉｍａ.

1章

化学物質に囲まれた現代の生活

1 カーペットなどの難燃剤が子どものＩＱに影響

室内の生活用品から少しずつ揮発して空気中に

便利で快適な現代生活には、いたるところに危険が潜んでいます。子どもの脳神経の発達に、さまざまな化学物質が悪い影響を及ぼすことがわかってきました。その一つで今、欧米で注目されている難燃剤の問題を紹介します。

体内に蓄積して子どもの脳に悪影響

カーテンやカーペットなどの商品ラベルに「防炎加工」と書かれているのを見たことがある人も多いでしょう。身の回りの生活空間を火災から守り、燃えにくくしたいという、私たちの素朴な願望を叶えるために添加されている化学物質が難燃剤です。

プラスチック、ゴムなどには主に素材に練り込む方式で添加され、繊維や紙には素材の表面に塗布する方式で用いられています。家具やカーペット、カーテン、ソファ、寝具、子ども服、そして、テレビやコンピューター、携帯電話などの電気製品にも幅広く使用されています（次のページ図参照）。

難燃剤といってもいろいろな種類があります。これまで多く使用されてきたのは臭素系難燃剤〔1〕（ＰＢＤＥｓ＝ポリ臭化ジフェニルエーテルなど）ですが、危険性が指摘され、次第に別の物質に変わってきました。

●部屋の中は難燃剤がいっぱい

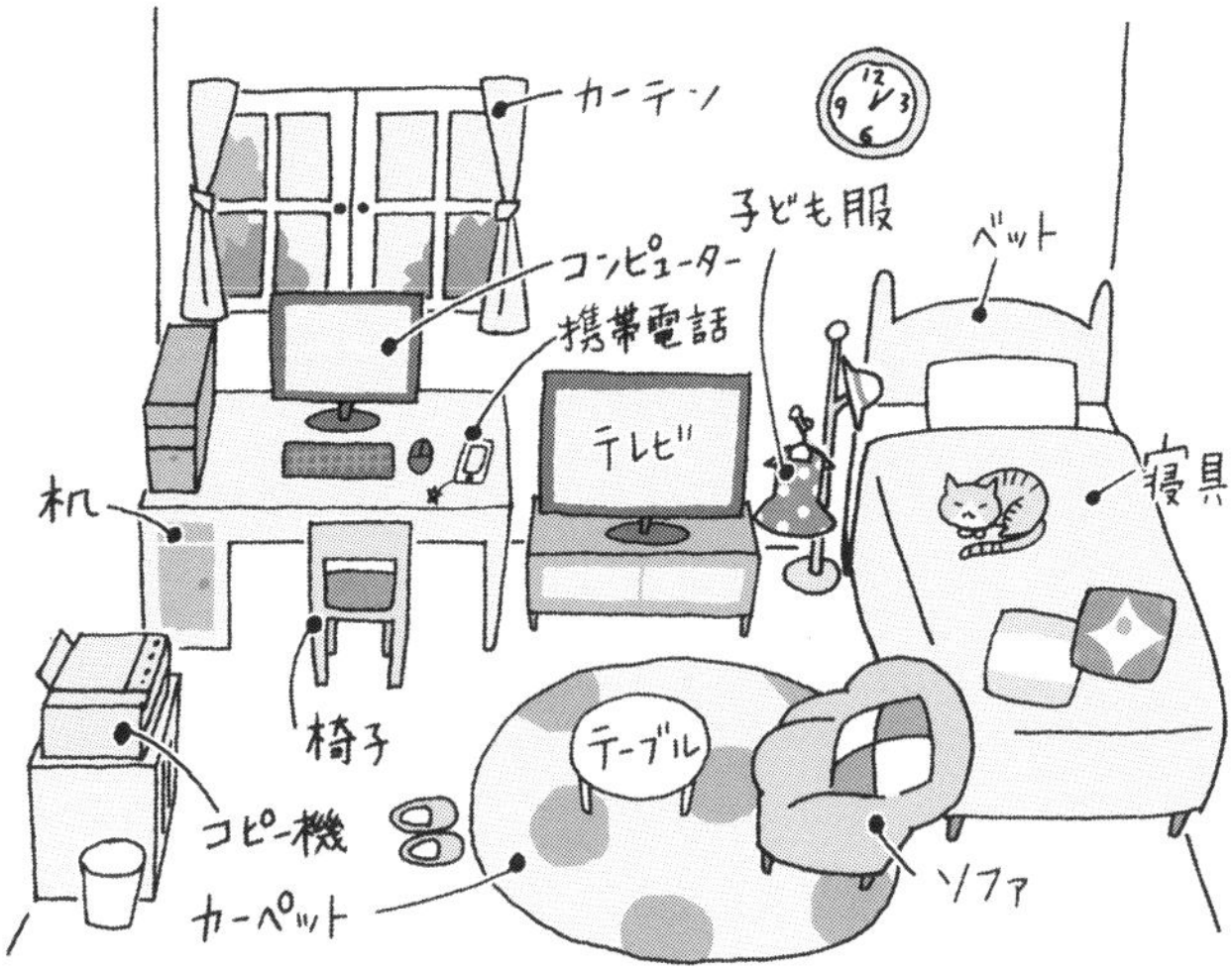

難燃剤は製品から少しずつ溶出し、室内環境や野外を汚染します。環境中に残留した難燃剤は、ヒトや動物の体内に長期間蓄積し、私たちの血液や母乳からも検出されています。さらに、子どもの脳神経の発達への悪影響も指摘されています。

子どもの注意力、運動能力、IQ低下に関係

2007年、米国ではすべてのマットレスを燃えにくくすることが、義務づけられました。しかし、動物実験により、臭素系難燃剤が胎仔《たいじ》の脳神経系に悪影響を及ぼすことが明らかになり、同様の影響が人間の子どもにも現れるのではないかと懸念が広がりました。

13年の米国の科学雑誌『EHP』に掲載されたある研究では、胎児期と幼児期に臭素系難燃剤にばく

露〔2〕すると、5歳、7歳の子どもの注意力、運動能力、およびIQを低下させる可能性があることがわかりました。

こうした子どもへの毒性が明らかになり、EU（欧州連合）ではPBDEsを含めた数種類の臭素系難燃剤の使用を禁止。日本では10年から企業の自主規制が始まり、現在PBDEsは使われていません。

内分泌かく乱作用など代替品もやはり危険

そして最近、臭素系難燃剤の代替品として使用され始めたのが、有機リン系薬剤のリン酸トリス（TDCIPP）、リン酸トリフェニル（TPHP）などです。15年の時点で家具やカーペット、ソファやベッド、自動車のシート、赤ちゃん用品などに添加されており、今度はこれらの物質が、室内のホコリから検出されるようになりました。

16年、米国では体操選手がスポーツジムで浴びる難燃剤と、その危険性が問題になりました。ボストン大学の研究で、体操選手の尿中に高レベルのリン酸トリスなどの難燃剤が検出されたのです。鉄棒などから落下するさいに衝撃を防止するためのスポンジは、その多くがポリウレタン製ですが、そこに有機リン系薬剤の難燃剤が使われていました。

それら有機リン系薬剤は、すでに内分泌かく乱作用などの危険が疑われ始めています。危険な難燃剤が禁止され、別の物質になったからといって、安全になったと楽観することはできないのです。

とくに、妊婦や赤ちゃんのばく露に注意

私たちは、知らない間にソファやカーテンなどの

“赤ちゃん用製品の80%が有毒”

—全米の母親たちを震撼させたニュース—

2011年5月、米国のネイチャー・ニュースで、赤ちゃん用のマットやカーシートなど、ポリウレタンフォーム（発泡剤）でできているほとんどの製品から、赤ちゃんに有害な臭素系難燃剤（PBDEs）が検出されたと報道され、このニュースは、全米中の子育てをする母親たちに不安を与えました。

燃えにくい素材を使った生活用品、電気製品などを通して、難燃剤に日常的にばく露しています。とくに妊婦は、1日の大半をそれらに囲まれて過ごしている可能性があるので、注意が必要です。

また、赤ちゃんがいる家庭では、床のホコリをできる限り取り除き、赤ちゃん用のマットレス、寝具、衣類などには、難燃剤を含むポリウレタン製や合成繊維、合成樹脂製の製品を避け、できるだけ天然素材のものを使いましょう。

新しく使われ始めた難燃剤の危険性も明らかになりつつありますが、規制されるまでには時間がかかるので、日々注意して暮らしましょう。

〔1〕臭素系難燃剤のPBDEs（ポリ臭化ジフェニルエーテル類）には、PentaPBDE（5臭素化PBDE）、OctaPBDE（8臭素化PBDE）、DecaPBDE（10臭素化PBDE）など多くの異性体がある

〔2〕環境中に存在する化学物質を、呼吸・食事・皮膚などを通して体内に取り込むこと

2 こげつかない鍋、防水加工の落とし穴

人体に長期間残留し、発達障害の恐れも

こげつき防止加工の鍋やフライパン、シミがつかないカーペットや革製品など、有機フッ素化合物（ＰＦＣｓ）を利用した便利な日用品が増え続けています。

有機フッ素化合物は、すでに禁止された有機塩素系の殺虫剤ＤＤＴやＰＣＢｓ（ポリ塩化ビフェニル）、ダイオキシンなどと並んで非常に分解しにくい化合物で「不滅の化合物」と呼ばれ、世界中でヒトの血液に残留する有毒物質として恐れられています。

フライパン、包装材など身の回りにあふれる有機フッ素化合物

有機フッ素化合物には、水や油をはじく性質があります。そのため、こげつき防止をうたうフッ素コーティングされた鍋やフライパン、ファストフードのピザやフライドポテト、ハンバーガーなどの包み紙、カーペットや衣類の保持・仕上げ、形態安定加工や皮革、半導体のコーティング剤などにも添加されています（次のページ図参照）。

また、この化合物は１９５０年代から米国のデュポン社や３Ｍ社で製造され、防水スプレー「スコッチガード」、世界的なブランド商品の「テフロン」「ステインマスター」「ゴアテックス」などの防水性を高めた衣料素材に添加されてきました。その売り上げは数千億円規模にのぼっています。

●多くの分野に広がる有機フッ素使用の生活用品

❶ こげつき防止加工の鍋やフライパン

❷ はっ水加工やしわ防止加工の洋服、スポーツ用品、防水スプレー

❸ 油をはじく食品用容器、ファストフードの包装用紙（フライドポテト、サンドイッチ、ハンバーガーなど）

❹ 品質の保持、仕上げで汚れないカーペット

❺ 優れた誘電の電線、機械や電子機器の部品として使用されているGI型光ファイバーなど

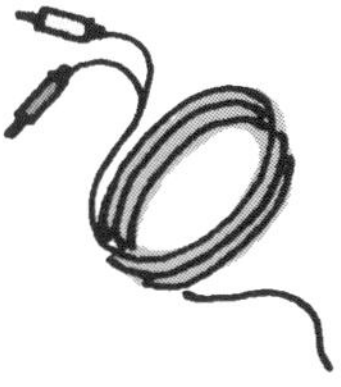

❻ 天然皮革の質感を損なわずに仕上げられる
かばん、ハンドバッグ、靴など

発がん性、先天異常

妊娠中や子どもは注意を

有機フッ素化合物は100種類ぐらいありますが、とくに有毒なのは、パーフルオロオクタンスルホン酸（PFOS）〔1〕、パーフルオロオクタン酸（PFOA）です。

内閣府の食品安全委員会は「有機フッ素化合物は適切に利用した場合、リスクはない」としていますが、この物質は残留性が非常に高く、動物実験では、発がん性や子どもの発達への影響が報告されています。

実際、仕事中にこの物質にばく露した人に膀胱《ぼうこう》がんの発生率が高く、甲状腺機能のかく乱、免疫系への悪影響、妊婦であれば先天異常の子どもが生まれる恐れなども、指摘されています。また、体内の残留濃度は、一般におとなよりも子どものほうが高いといわれており、11年に米国・コロンビア地区で子どもの血液を採取したところ、96％に当たる子どもの血液からPFOAが検出されました。

ほかにも、5種類の有機フッ素化合物が血液中に高いレベルで検出された子どもは、衝動的だとする研究結果〔2〕もあります。

子どもの発達への影響は明らかであり、妊娠中のばく露が、子どもの脳・神経の発達に影響を及ぼす恐れがあるのです。

代替品にも問題
各国で使用禁止に

PFOSは、欧州では08年から使用が禁止されており、日本でも10年4月から化学物質審査法の第1種化学物質に指定。購入や使用が制限され、「不可欠用途」以外は原則禁止となっています。

また、海外のアパレル（衣服）業界は以前からPFOS、PFOAの使用を規制しており、ファストファッション（流行を取り入れ、低価格に抑えた衣料品）ブランドの「H&M」（スウェーデン）は、13年1月から両物質を全面禁止しました。

現在は日本を含め、多くの企業が代替品である別の有機フッ素化合物に変更しつつあります。しかし、代替品を使用しているスウェーデンでは、それでも人体の血中に残留する有機フッ素化合物のレベルが6年ごとに倍増しているとの報告があり、日本の環境中の有機フッ素化合物調査では、全国の海域100以上の地点調査（03年）で、PFOSとPFOAが検出されています。とくに、京都府内を流れる淀川水系で、最大濃度が検出されており、日本でも注意が必要です。

有機フッ素使用の生活用品に注意

台所の調理器具には、なるべくステンレス製や鉄、ホウロウの製品を選びましょう。フッ素加工樹脂（テフロン加工）のフライパンを使用する場合は、高温にすると有害成分が揮発するので低い温度で使い、空だきしないように注意が必要です。用心のために子ども、とくに赤ちゃんを近づけないこと。また、油のついた食品を包装紙のまま、電子レンジで加熱するのはやめましょう。

さらに、ファストフードの容器や包み紙、防水・はっ水・防汚加工の製品、「ノーアイロン」「しわにならない」タイプの衣類などは、できるだけ避けましょう。

〔1〕 2009年のPOPs条約（ストックホルム条約）第4回締約国会議で、残留性有機汚染物質に追加認定された

〔2〕 Gump BB et al.Environ Sci Technol,2011

3 ヘアカラーには危険がいっぱい
頭皮からしみ込み、血流にのる有害物質

現在の日本では、おしゃれのために老若男女を問わず多くの人が髪の毛を染めています。とくに、20代の女性は約8割が染めているといわれるほど増えており、最近では子どもたちやペットにまで広がっています。

ヘアカラーまたはヘアダイ（染毛剤）は、一般的に髪が少し傷むことは理解されていますが、強い毒性をもつ物質が何種類も含まれていることは、ほとんど知られていません。

化学物質の規制が早いEUは2003年、181種類の染毛剤の使用を禁止しました。日本でも国民への注意喚起が急がれます。

多くのヘアカラーに浸透性の高い化学物質

ひと口にカラーリングといっても、色素で髪の表面に一時的に色を着ける「ヘアマニュキア」と、毛の色素を脱色するだけの「ブリーチ」、脱色したうえで長期間毛髪の中まで色素を行き渡らせる「ヘアカラー」の三つに大きく分けられます。

ほとんどのヘアカラーには、毒性物質が血流に吸収されるのを助け、浸透性を高める化学物質が配合されており、なかには発がん物質もあります。

カラーリングのうちとくに危険なのはヘアカラー

で、その3分の2以上の製品にパラフェニレンジアミン（PPD）やアミノフェノールなどの成分が入っています。

PPDは酸化染料といい、使用時に過酸化水素水と混合することにより、酸化発色して毛髪を染めます。アレルギー症状の引き金となったり、アナフィラキシー（急性ショック症状）を起こすこともあり、激しい呼吸困難、むくみや眼の腫《は》れなどを伴うことがあります。発がん物質が入っていれば、わずか30分で体内に浸透するといわれています。

赤、緑、青など色とりどりのヘアカラーの広告

一方、「ヘアマニュキア」は主成分のアレルギー性は多少低いのですが、それでもアミノフェノールなどの有害成分が入っています。アミノフェノールも、皮膚や粘膜に強い刺激を与える毒性とともに、発がん性があるのです。

よく使用する母親の子どもにがんが増える？

妊娠中の母親だけでなく、幼い子どもへのカラーリングは厳禁です。最近発表された研究では、妊娠中の母親のヘアカラー使用と、生まれてくる子どもの神経芽細胞腫（小児がんの一種で白血病に次いで患者が多い）との関連が指摘されました。母親の頭皮から体内に入り込んだ毒性物質が、胎盤《たいばん》を通して胎児に影響するのです。

また、ヘアカラーに含まれる有害物質の影響によって、母親に貧血やメトヘモグロビン血症〔1〕が

●こんなにあるヘアカラーとがんとの関係を指摘した報告

（　）内は出典文献

◆妊娠中にヘアカラーすると、子どもの神経芽細胞腫のリスクが上昇する。(J Clin Aesthet Dematol 2013)

◆乳がん患者のなかで、100 人中 87 人は長期にヘアカラーを使用してきた女性である。(NY state J Med 1976)

◆ヘアードレッサー（美容師）や整髪店で 10 年以上働いている人は、膀胱がんのリスクが 5 倍上昇する。(Int J Cancer 2001)

◆ 20 代でヘアカラーを使用し始めた 40 代の女性が、乳がんになる確率は 2 倍になる。その後使い続けると、50 ～ 70 代にリスクがもっとも高くなる。(J Natl Cancer Inst 1980)

◆米国ハーバード大学の研究では、年に 1 ～ 4 回毛染めする女性は、卵巣がんになる確率が 70％上昇する。(Int J Cancer 1993)

◆ 1 年に 6 ～ 9 回ヘアカラーをする女性は、リンパ性白血病を発症するリスクが 60％ 上昇する。(Am J Epidemiol 2008)

＊一般的に、染毛剤の色が黒いほど乳がんリスクが高まり、黒色のヘアカラーを使用する女性は、そうでない女性に比べて、リンパ性白血病を発症するリスクが増加するといわれています。

起きると、体内に酸素を運べなくなり、胎児が低酸素症になります。酸素不足になると、発達途上の胎児の脳や神経に影響する可能性もあります。

がん発生とヘアカラーの関連については、長らく議論がたたかわされてきました。まだ、はっきり結論が出たわけではありませんが、関連を示唆する研究が数多く発表されています（前のページ表参照）。

EUでは予防原則で規制 若い人への啓発が急務

国民の健康のために、より厳しい規制を実施しているEUは、「安全であるという科学的証拠がそろうまで」という条件つきで、03年に181種類のヘアカラー成分を禁止、13年には179種類を追加しました。EUは予防原則を適用し、慎重に製品の安全性を確かめて、危険な化学物質の使用を禁止しています。

ヨーロッパの女性で、ヘアカラーを使用している人は、6割程度といわれています。ヨーロッパより日本のほうが使用する女性が多いにもかかわらず、日本ではヘアカラーの危険性が論じられることはほとんどありません。男女を問わず、そして何よりも、妊婦と乳幼児へのカラーリングはやめるように呼びかけましょう。

安心して使える染毛剤に「ヘナ」があります。植物の葉を粉末にしたもので、染毛のほかに髪につややハリを与える効果があり、インドなどでは昔から使用されています。市販されているので、天然原料100％のヘナを選びましょう。

〔1〕血液中にヘモグロビンが多い状態で、唇や爪が紫色に変色するチアノーゼを起こす代表的な疾患の一つ

4

日焼け止めや化粧品に毒性が高いナノ物質

超ミクロの物質は瞬く間に皮膚から浸透

「ナノ物質」（ナノ粒子）をご存じですか。「ナノ」とは、10億分の1（1ナノメートル〈nm〉＝10億分の1m）の超ミクロサイズの物質です。

近年、ナノテクノロジーが進展し、日焼け止めや化粧品、携帯電話の電池パック、タイヤなど、さまざまな生活用品にナノ物質が使われています（次のページ表参照）。

超ミクロなので、吸い込むだけでなく、皮膚に塗ることで体内に入り、毒性を発揮する可能性があります。２０１５年５月、米国では赤ちゃん用の粉ミルクにナノ物質が含まれていることが明らかにされ、不安が広がっています。

日本のナノ化粧品は6年間で4倍に増加

最近の化粧品は、伸びや広がりをよくするために成分の粒子を小さくすることが追求され、ますますナノ物質が使われるようになっています。

また、紫外線遮断効果がある酸化チタンや酸化亜鉛などは、白色顔料（美白化粧品）として40年以上前から使用されてきましたが、90年代以降に同じ物質がナノサイズで利用され始めました。酸化チタンは白色で、ナノ粒子にすると透明度が増し、紫外線遮断効果が高まるのです。

●生活用品に多用されているナノ物質

物質名	国内生産量	主な用途
カーボン ナノチューブ	120～ 140トン	電子材料 (小型燃料電池) など 
カーボン ブラック	80万トン	タイヤ、自動車部品など 
二酸化 チタン	1450トン	化粧品、光触媒など  
フラーレン	2トン	スポーツ用品 (ゴルフボール、テニスラケットとバトミントンラケットのフレーム) など 
酸化亜鉛	480トン	化粧品など  
シリカ	9万トン	インク、合成ゴム、タイヤなど 
ナノ銀	数トン未満	電子デバイス接合配線材など

出典：「ナノ物質に係る現状等について」経済産業省、2011年

驚くことにナノ化粧品関連の市場は、05年から10年までのわずか6年間で4倍に成長しています。10年時点で、ナノ物質である酸化チタンや酸化亜鉛、酸化鉄、酸化ジルコニウム、カーボンブラックなどが使用されている化粧品には、化粧水、日焼け止め、ファンデーション、クリーム、乳液、おしろい、眉・目製品、口紅、リップクリームなどがあります。

細かくなるほど高まる遺伝毒性・発がん性

酸化チタンナノは細胞障害性や炎症を引き起こす可能性が指摘され、微小な粒子ほど体内の深部に到達する可能性があります。そのため、日焼け止めなどに使用されている酸化亜鉛ナノは、皮膚を通して体内に入り、血液や尿からも検出されています。

物質の全体量を変えずにどんどん細かくしていくと、表面積が増えます。そうなると物質の活性度、反応性は飛躍的に上がり、浸透性によって遺伝毒性・発がん性などが高まります。

その危険度は、動物実験で母マウスに酸化チタンなどのナノ粒子を吸い込ませると、胎仔の脳の発達に悪影響をもたらすことでも示されました。ですから米国で起きた、赤ちゃんが飲む粉ミルクへのナノ物質混入は、大事件といえるのです。

また、汚れた空気や排気ガスにも、ナノの超微粒子が多く含まれていますので、気をつけましょう。

EUは製造の許可と表示を義務化

04年、英国王立協会（化学学会）と王立工学アカデミーは、「ナノ物質を含む製品はきわめて毒性が高い」と警告しました。

また09年、EUはREACH（EUが07年に施行した新化学物質規制）の化粧品規制に、「ナノマテリアル（物質）」を盛り込みました。現在、EU加盟国では着色料や保存料、UVフィルターなど、ナノ物質を含む製品を製造するには許可を受ける必要があり、酸化チタンなどのナノ物質を使用する場合は、「ナノ」と表示しなければなりません。

かつて、断熱材として重宝されたアスベストが、使用が始まってから数十年後に重大な被害をもたらしました。じつは今、ナノ物質は世界的には大きな危険が予測されており、第2、第3のアスベスト問題になる可能性があります。

国際環境保護ネットワーク「地球の友アメリカ」〔1〕は報告書で、粉ミルクへのナノ物質混入を心配する親に対して、以下の3点をアドバイスしています。

①粉ミルク製造会社に、ナノ粒子を取り除くよう要求する
②可能なら母乳育児にする
③政策決定に関わる人たちに、ナノ物質の表示と規制を求める

日本は表示義務なし 妊娠中の化粧は減らしたい

日本の産業界は、化粧品のほかに次世代の産業基盤的技術として、情報通信やエネルギーなどの幅広い分野で、ナノテクノロジーが便益をもたらすことを期待しています。

一方、環境団体は危険性を指摘し、懸念を表明していますが、政府は健康への影響について「現状では十分に明らかでない」として、具体的な対策を示していません。

しかし、化粧品や日焼け止めなどに含まれるナノ

粒子は、母親の皮膚から胎児の脳にまで届く可能性があるのです。とくに、妊娠中は化粧品の使用を減らしたいものですが、日本にはナノ物質の表示義務がありません。

世の中は「日焼け止めを塗らないと大変！」との風潮が支配的ですが、日傘や帽子をひと昔前のように復活させ、できるだけナノ粒子は避けたいものです。

〔1〕地球の友アメリカ（FoE US）報告書・Nanoparticles in Baby Formula.2016

2章　プラスチックに潜む危険性

1 子どもの脳神経や生殖器官に影響
お菓子の袋、食品トレイ、赤ちゃんの紙おむつも

私たちの生活には、軽くて便利なプラスチックがあふれています。お菓子の袋も食品トレイやペットボトル、電気製品、自動車のハンドルやシートのクッション、赤ちゃんの紙おむつでさえ、それぞれ全体の50～60％はプラスチックでできています。

近年、このプラスチックに潜む危険性が明らかになってきました。

環境中に容易に溶け出す多くの有害な化学物質

そもそもプラスチックとは、石油や天然ガスから作られる合成樹脂です。原油から石油化学燃料の「ナフサ」を生成し、プラスチックを軟らかくする可塑《かそ》剤《ざい》、安定剤、難燃剤、界面活性剤など、性能を高めるため種々の添加物を加えて作ります。つまり、化学物質の固まりなのです。

そして、添加物のなかでもとくに危険性が指摘されているのが、プラスチックを軟らかくする可塑剤のフタル酸エステル類（フタル酸とアルコールがエステル結合した化合物の総称）と、プラスチックの原料で安定剤としても使われるビスフェノールA（BPA）です。

これらの添加剤はプラスチックの素材との結合力が弱いので、環境中に容易に溶け出してくる恐れが

●プラスチックの添加物が環境中に溶け出してくる！

添加物はプラスチック内でゆるく結合しているので、簡単に溶け出てくる
Tea
添加物は、食品・ペットボトル入り飲料などの中に溶け出てくる
塩化ビニル（PVC）製の床からしみ出たフタル酸エステル類は部屋のチリの中にもたまる
新生児・乳幼児用のフィーディングチューブは、脂溶性のミルクを流すので、フタル酸エステルが溶出する可能性がある
電子レンジでプラスチック容器を加熱すると危険！

あります（前のページ図参照）。

男児の生殖器官の発育不全やＡＤＨＤの原因になる恐れ

フタル酸エステル類は、子どもの神経や脳の発達に影響する危険性が指摘されています。

２０１０年１月、米国の「環境健康ニュース」は、「注意欠如多動性障害（ＡＤＨＤ）の子どもはＡＤＨＤでない子どもに比べて、尿からより多くのフタル酸エステル類を検出した」とする研究結果を紹介しました。

この物質には、強い環境ホルモン作用（生体内で女性ホルモンと似た働きをする。または、男性ホルモンの働きを阻害する。詳しくは２章２、６章を参照）があり、とくに男児の生殖器官の発達に悪影響を与える危険性が指摘されています。

おもちゃや床から有害なフタル酸を吸い込む

フタル酸エステル類は、家の内装製品、ポリ塩化ビニル（ＰＶＣ）製品や、そのほかのプラスチック容器の可塑剤として使われています。そして化粧品にも、「とびきり滑らか」な感触を得るために使われています。

最近、よく話題になるフタル酸ジエチルヘキシル（ＤＥＨＰ）は、子どものおもちゃ、乗用車の内装、輸血用バッグなどに使われています。

04年に米国で発表された研究によれば、ぜんそく、またはアレルギーと診断された子どもの家は、そうでない子どもの家に比べて、部屋のほこりのフタル酸エステル濃度が明らかに高かったのです。

フタル酸エステル類は、ＰＶＣの床などに可塑剤と

●危険性が指摘されているプラスチック

①が一番毒性が高くて問題が多い

合成樹脂名	略称	用　途	問題点
① ポリ塩化ビニル	PVC	水道管、テーブルクロス、ホース、消しゴム、合成皮革、壁紙、ラップフィルム	生産・使用・処理にダイオキシン発生の恐れ 鉛・カドニウムなど危険な添加物を使用 塩ビモノマーに発がん性
② ポリウレタン	PU	自動車のシート、クッション、マットレス、繊維製品	ポリウレタン生産に使われるイソシアネートは強い呼吸器毒性で職業病と関連
② ポリスチレン	PS	梱包材、食品トレー、コップ、調味料入れ、カップ麺容器、魚箱、畳の芯	原料に発がん性 火災時に危険
② ABS 樹脂	ABS	旅行用トランク、家具用品、パソコン、自動車部品	強い毒性、発がん性が疑われる物質を使用
② ポリカーボネート	PC	食器、弁当箱、光ディスク、CD、ドライヤー、建材	原料に毒性が強いビスフェノール A と塩化カルボニルなど
③ ポリエチレンフタレート	PET	ペットボトル、卵パック、写真用フィルム、サラダボウル	紫外線吸収剤や難燃剤などに添加
④ ポリエチレン	PE	袋、ラップフィルム、包装材、食品容器、洗面器	比較的無害
④ ポリプロピレン	PP	浴用製品、食器、コンテナ、食用油、ケチャップのボトル	

*このほかにも、合成樹脂にはエポキシ樹脂、フェノール樹脂、メラミン樹脂、ポリアミド（ナイロン）、ポリエステル樹脂、シリコーン樹脂などいろいろある。

して使用されているため、チリとなって部屋の床にたまります。そのため、ＰＶＣのフローリングにたまったほこりを吸い込んだ子どもの健康に、悪影響を与えるのです。また、赤ちゃんが床をはいずり回れば、フタル酸エステル類を浴びることになります。

ＥＵ（欧州連合）は、フタル酸エステル類のなかでフタル酸ジエチルヘキシル（ＤＥＨＰ）、フタル酸ビスブチル（ＤＢＰ）、フタル酸ブチルベンシル（ＢＢＰ）について、おもちゃや育児用品への使用を禁止。日本の厚生労働省も10年に、これらの物質のおもちゃへの使用を禁止しました。

ビスフェノールＡも輸入缶や食器から染み出す

一方、プラスチック製品のポリカーボネート（ＰＣ）の原料や添加剤として使用されているビスフェノールＡ（ＢＰＡ）も、生殖機能や肥満、心臓血管系に悪影響を及ぼす危険性をはらんでいます。90年代末に「オスのメス化」と世論を騒がせた環境ホルモン物質のなかでも、とくに注目された物質です。

食品容器、携帯電話、ＤＶＤ、プラスチックの弁当箱、歯科用シーラント（むし歯予防で歯の溝を覆う樹脂）などに、今でも幅広く使われています。

米国食品医薬品局（ＦＤＡ）は、哺乳びんや乳児用調整粉乳の容器でのＢＰＡの使用を禁じましたが、日本の厚生労働省は「公衆衛生上の見地からＢＰＡの摂取をできる限り減らすことが適当」とするだけで、企業の自主規制に任せています。

ＢＰＡは、缶詰の内側のコーティング樹脂やポリカーボネート製の食器から、飲料水や食品中に簡単に溶け出します。また、プラスチックを電子レンジで加熱するさいにも溶け出します。

フランスでは15年1月、食品容器（食品接触材料）のＢＰＡ使用を禁止しました〔1〕。さらに、欧州食品安全機関（ＥＦＳＡ）はＢＰＡの１日摂取許容量を日本と同じ50マイクログラム（μg）／kg体重から、その10分の１以下に引き下げました。

日本では、国内で製造される缶詰は事業者の自主的な取り組みでＢＰＡが自粛されるようになりましたが、輸入品（食品缶詰の70％以上）については、まだ対策がとられていません。

またＢＰＡ（または代替物質〔2〕）は、感熱紙でできているレシートに含まれています。19年に発表された海外の論文〔3〕によれば、スーパーのレジで働く人などが毎日長時間レシートに素手で触れていると、ＢＰＡは皮膚から体内に入り、ホルモンバランスを変えるなど、健康に害を与えるおそれがあるとのことです。レジ係の人は有害物質が体内にしみ込まないように、できるだけ手袋の着用をおすすめします。

〔1〕詳しくはフランス食品環境労働衛生安全庁（ＡＮＳＥＳ）サイト
〔2〕ビスフェノールＡ（ＢＰＡ）の危険性が問題視され、代替物質のビスフェノールＳ（ＢＰＳ）の使用が広がっている。
〔3〕Molina JM et al. Environmental Research 2019.

2 プラスチック添加剤で不妊症の恐れ
輸入缶詰の内側コーティングから溶け出す環境ホルモン

環境ホルモン（内分泌かく乱化学物質）は一つの物質名ではなく、生物のホルモンの働きを狂わせてしまう物質の総称です。

日本ではすっかり話題にならなくなってしまいましたが、環境ホルモンはプラスチックの添加剤以外にも、殺虫剤、殺菌剤、化粧品など幅広い製品に含まれており、欧米ではフランスのように、この問題を国家の最重要課題の一つとみなしている国もあります。

野生生物に不妊やオスのメス化などの生殖異常をもたらした環境ホルモンですが、人間にはどのような影響があるのでしょうか。

日本では18人に1人が体外受精などの生殖医療で出生

現在、不妊に悩むカップルは5・5組に1組といわれており、日本でも体外受精などの生殖医療によって、子どもを授かる夫婦が増えてきました。

2016年には、国内で体外受精の治療によって、5万4110人の子どもが生まれています。生殖医療の助けを借りて生まれた子どもは、今では18人に1人の割合になっています（次のページ図参照）。

プラスチックの可塑剤・フタル酸エステル類の体内残留値を調べた米国の調査では、不妊カップルのほうが、そうでないカップルに比べて高濃度で検出されました。

不妊症が増える原因は、子どもを望むカップルの高齢化や生活スタイルの変化など、さまざまに指摘されてきましたが、男性の精子数の減少、精子の質の劣化、女性の卵子の老化などを引き起こす環境要因も決して見逃せないのです。

●体外受精・胚移植などによる出生児が急増
（非配偶者間人工授精は含まない）

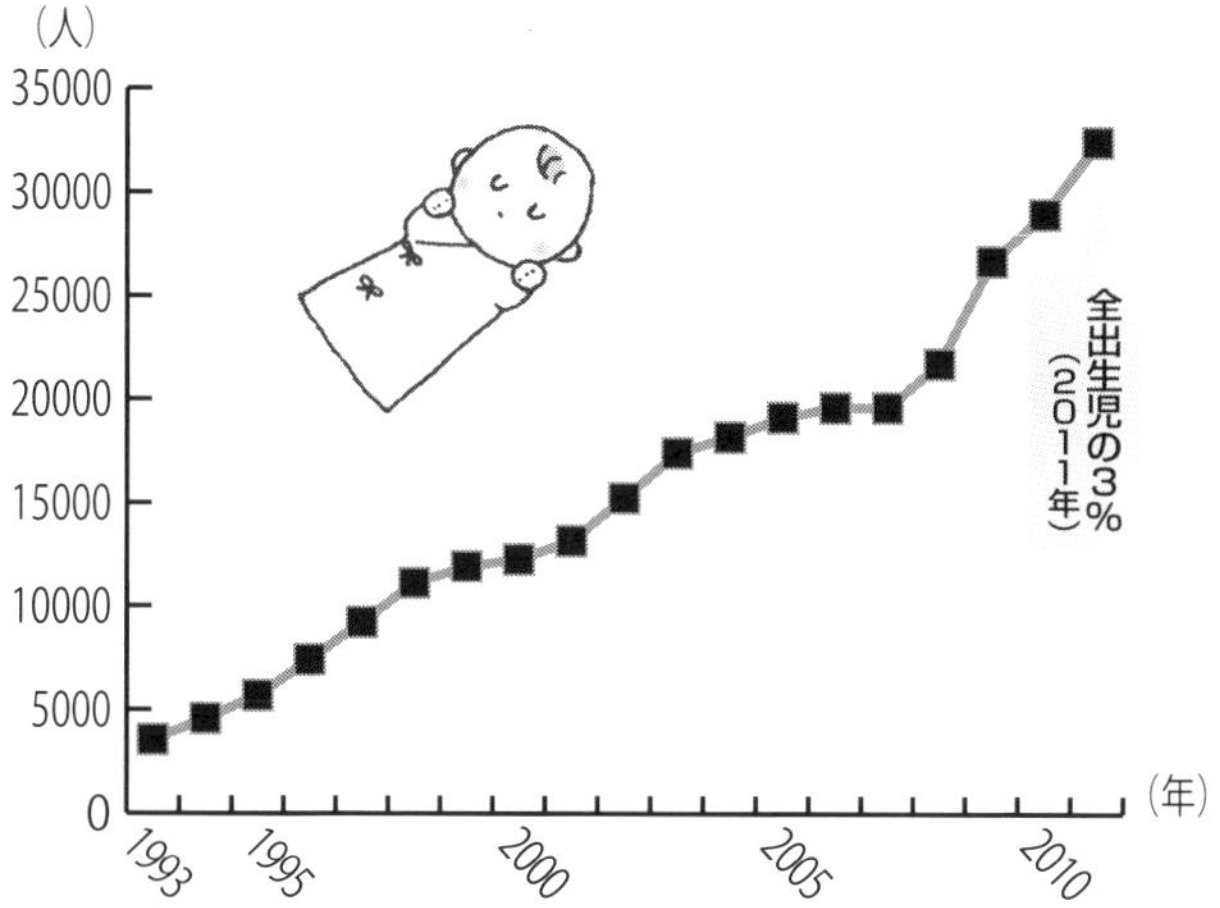

出典：日本子ども資料年鑑2015

「危険な環境ホルモン」世界中の科学者が研究

近年、プラスチック製品に含まれる環境ホルモンが、人の生殖を害することが証明されつつあります。

そのなかでもとくに、プラスチックの原料であり、添加剤でもあるビスフェノールＡ（ＢＰＡ）は、危険な環境ホルモンとして、この数十年の間に世界中の科学者が熱心に研究をすすめてきました。

その結果、ＢＰＡがマウスの卵細胞の生育を妨げたり、染色体を損傷させる可能性を示す実験結果が、いくつも発表されています。

米国では体外受精の治療を受けている女性のうち、80％の人の尿から高いレベルのＢＰＡが検出されました。そして環境省の調査（13年）で、日本人の尿からもＢＰＡが検出されたのです。

●ビスフェノールＡを含む
ポリカーボネート、エポキシ樹脂製品

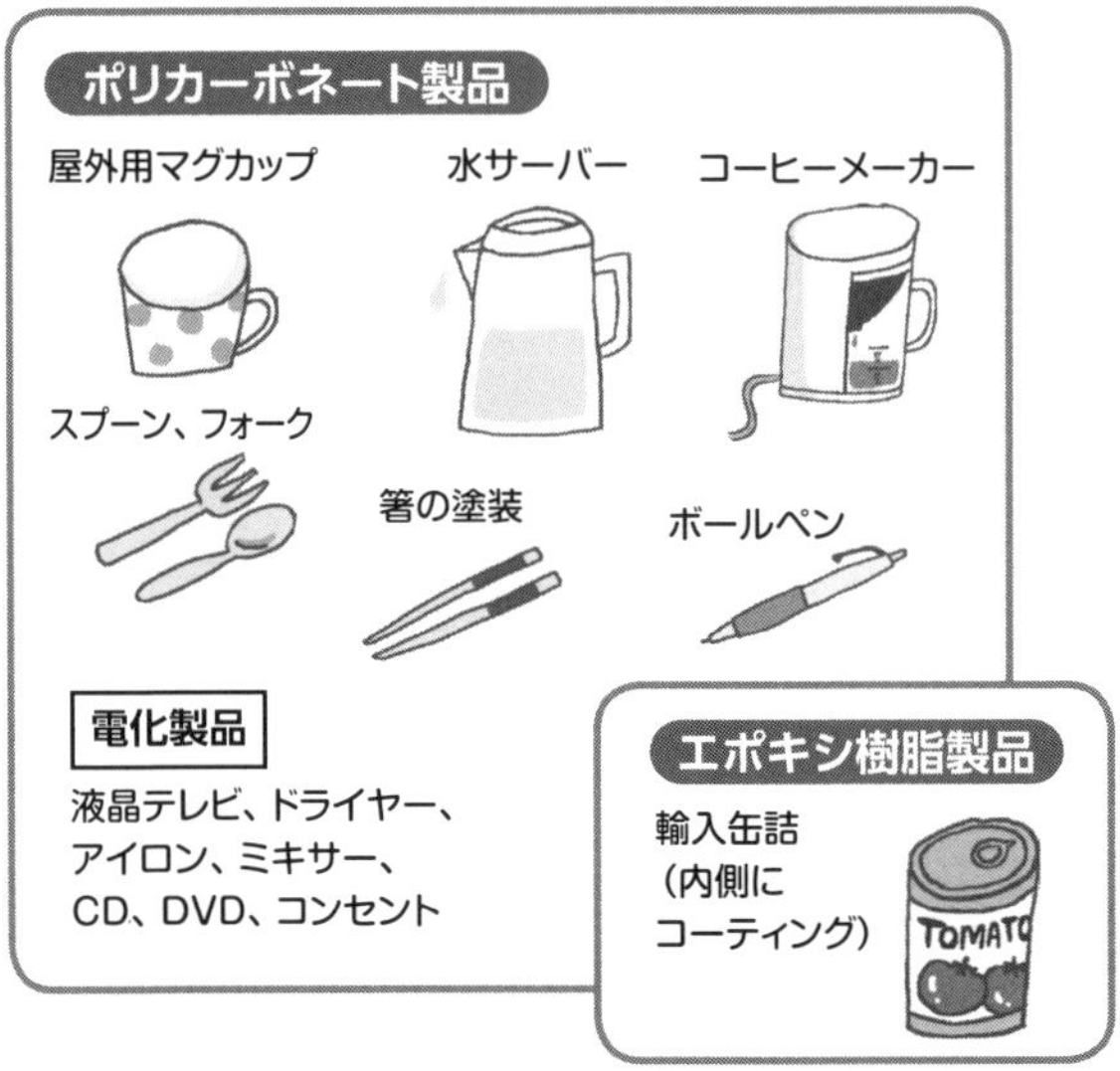

14年、米国の科学雑誌『ＥＨＰ』は「ＢＰＡと生殖影響」について、これらの証拠の蓄積とこれまで発表された論文を総合的に評価し、ＢＰＡは卵巣機能や子宮内膜の増殖を損なう「生殖毒」と結論づけました。

哺乳びんや学校給食の食器などは対策がすすむ

ＢＰＡは女性ホルモン様作用などの環境ホルモン作用が注目されたことで、この15年間で対策がすすみました。

２０１６年現在、米国カリフォルニア州ではＢＰＡの危険性が一般にも広く知れわたり、あちこちの店舗で、「ＢＰＡフリー」のステッカーが貼られた食料品や飲料水の缶を目にするようになりました。

日本でもポリカーボネート（ＰＣ）製の哺乳びん

●プラスチックには危険な添加剤がいっぱい

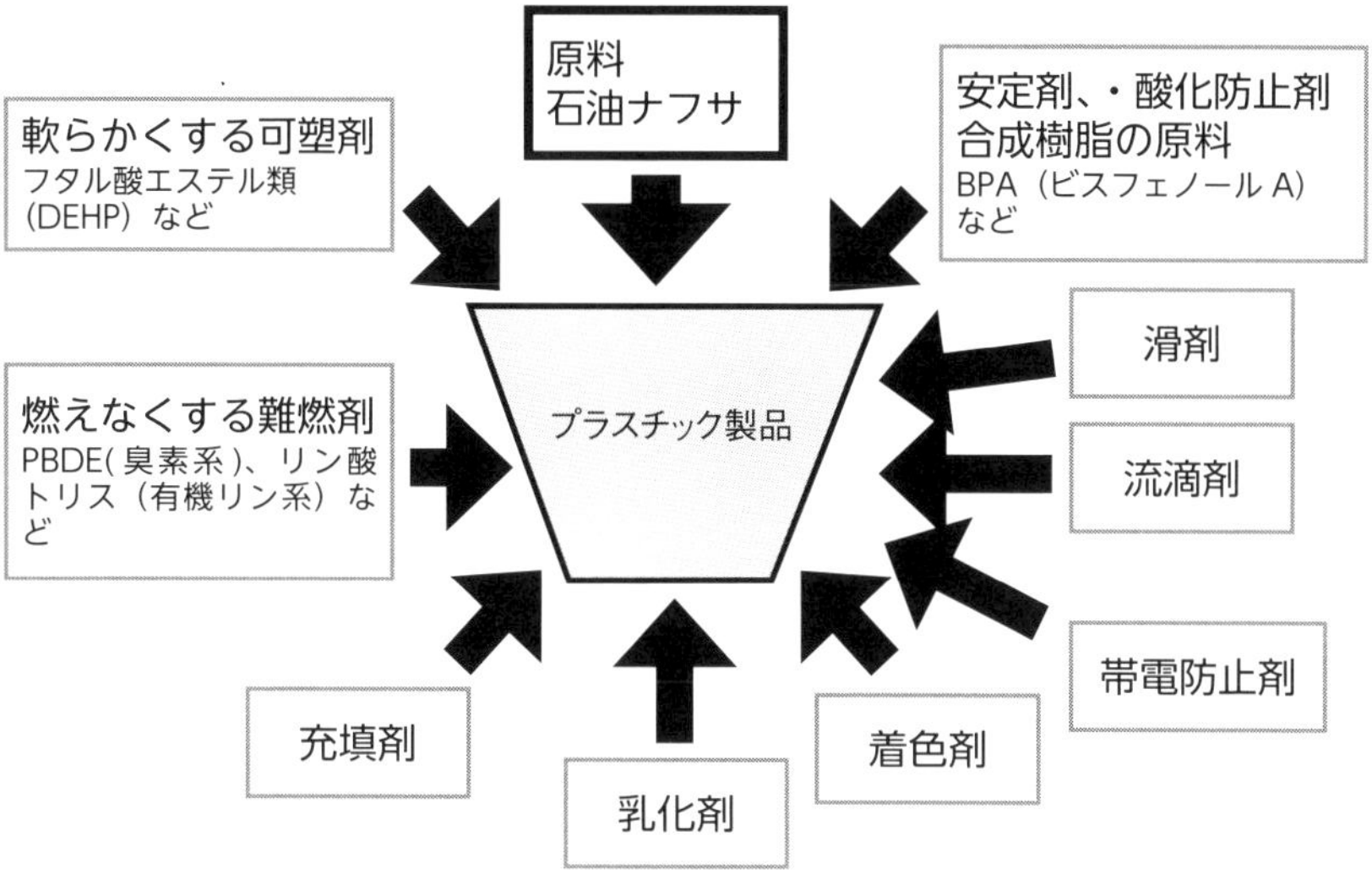

はBPAが溶け出す恐れがあるため、別の素材に替えられました。また、学校給食で使用される食器の素材も、98年時点で約4割に使用されていましたが、今はほぼ別の素材に変更されています。

しかし、その代替品として使用されるようになったビスフェノールS（BPS）の安全性は、どうなのでしょうか。最近になってBPSはBPAほど有害でなくても、害があることを示す証拠[1]が明らかになってきました。したがって、別の物質になっても必ずしも安全とはいえないのです。

プラスチックを減らしガラスなど安全な素材に

化学物質は知らないうちに、日用品から私たちの体の中に入ってしまいます。少しずつ対策が講じられてはいますが、そのスピードはきわめて遅く、不十分といわざるを得ません。

子どもの離乳食用のスプーンや赤ちゃん用のコップなどは、BPAを使用したポリカーボネート（PC）製とポリプロピレン（PP）製の両方が今でも出回っていますし、BPAはコンパクトディスク（CD）などたくさんの日用品にも使われています。

プラスチックの危険性はBPAに限らず、ポリ塩化ビニル（PVC）やポリウレタン（PU）、カップラーメン容器のポリスチレン（PS）など、ほかにもいろいろあることを忘れてはいけません（前のページ参照）。

プラスチック容器を電子レンジで温めるのは、やめましょう。また、劣化したプラスチックや、可塑剤の割合がとくに多い「軟らかいプラスチック」は、さまざまな化学物質が溶け出しやすいので、強化磁器や金属、木製、ガラス製品などに替えましょう。

建材やおもちゃ、日用品でのPVCも避け、ペットボトル入りの飲料水の使用も減らし、何よりもプラスチックに頼らない生活をめざしましょう。

〔1〕Johanna R. et al. Environ Health Perspect. 2015. Endocrine News,Aug 2016. Warning Signs: How Safe is "BPA Free?" by Derel Bagley. を参照

3 つぶつぶ歯みがき剤や洗顔料が海と人体を汚染

歯みがきチューブ1本に数万個のマイクロプラスチック

つぶつぶ入り歯みがき剤やスクラブ入り洗顔料を使ったことがありますか？　歯みがき剤の「つぶつぶ」もスクラブと呼ばれ、こすることで汚れを落とす効果があります。ほかにも、体臭や汗のにおいを抑えるデオドラント用品、スクラブシャンプーなどの生活用品に多用されています（次のページ図参照）。

数百年も環境中で分解されず魚介類に残留

このつぶつぶの材料には、昔は植物の種子や天然石などが使われていましたが、最近では石油化学製品のポリエチレン、ポリプロピレン、ポリスチレンなどで作られるプラスチック粒子・マイクロプラスチック〔1〕（マイクロビーズともいう）が多く使用されています。

チューブのつぶつぶ入り歯みがき剤1本には、数万個のマイクロプラスチックが入っているといわれています。毎朝晩、つぶつぶ入り歯みがき剤で歯を磨くと、大量のマイクロプラスチックが下水から浄水場、河川、海に流れ込むことになります。さらに、現在の浄水施設はマイクロプラスチックの微粒子を除去するようには設計されていないため、飲料水に紛れ込む可能性もあるのです。

国連は予防原則を適用し、2015年6月8日の

●多用されるマイクロプラスチックの例

「世界海の日」に、パーソナルケア製品や化粧品へのマイクロプラスチックの使用禁止を推奨する報告書「化粧品の中のプラスチック」を発表しました[2]。

報告書は、「石油系のポリマー（有機化合物の分子が重合した化合物）であるマイクロプラスチックは環境中で分解しにくく、完全に分解するまでに数百年もかかる」と指摘しています。

実際に、世界の海岸には大量のマイクロプラスチックが打ち寄せられており[3]、貝や魚からも検出されています。最近では、難分解性で残留性の高い合成香料なども魚介類から検出されており、海の生態系への影響が危惧《きぐ》されています。

有害物質を吸着し人体内で溶け出す

そもそも、マイクロプラスチックは石油で作られており、いわば個体状になった油のようなものです。水に溶けにくく油に溶けやすい残留性の有機汚染物質（ＰＯＰｓ）を引き寄せて濃縮する性質があり、ＰＣＢ（ポリ塩化ビフェニル化合物の総称）など油に溶ける性質の有害物質をはじめ、周囲のさまざまな有害物質を吸着してしまいます。

そして、プラスチックに汚染された魚をヒトが食べると、人体も汚染されることになるのです。

マイクロプラスチックに警鐘を鳴らす東京農工大学の高田秀重教授は、海鳥を解剖して胃の中を調べた結果、残留していたマイクロプラスチックの量に比例して、脂肪からも特定の有害物質が検出されたと報告。

「一度人体に入ると、そこから有害物質が溶け出し、脂肪や肝臓にたまり、健康に悪影響を及ぼす可能性がある」と指摘しています。

米国は販売を全面禁止に対策遅れる日本

米国では15年12月、オバマ大統領（当時）が「マイクロビーズ除去海域法」に署名し、海をマイクロプラスチックによる汚染から守るための法律が制定されました。

17年7月からマイクロプラスチックを含む歯みがき剤などを製造中止にし、18年6月には、その販売が全面禁止される予定です。すでに、マイクロプラスチックから果物の種子などの自然素材に転換する意向を表明した米国メーカーもあります。

一方、日本の化学物質の規制はいつも世界に後れをとっており、マイクロプラスチックも例外ではありません。最近になって、ようやくこの問題への関心が高まり、14年、環境省は初めて東京海洋大学などと協力して、日本周辺の海域での調査に乗り出しました。国レベルでの対策がすすまないなか、大手メーカーのなかでも花王は16年までに、資生堂は18年までにマイクロビーズを代替素材に切り替えました。

つぶつぶは天然素材に代替可能です。消費者や消費者団体は国や企業に対して、マイクロプラスチックが日用品や魚を通して人体に入り込む危険性を、さらに訴える必要があります。マイクロプラスチックを使った製品を日常生活で使用しないように努め、事業者に製造・販売の禁止を求めることが肝要です。

〔1〕 直径5㎜以下の微細なプラスチック粒子。マイクロプラスチックにはマイクロビーズ、マイクロカプセルなど、意図的にマイクロサイズで製造された「一次マイクロプラスチック」と、大きなサイズで製造されて環境中で分解してマイクロサイズになった「二次マイクロプラスチック」があります。「一次マイクロプラスチック」のマイクロビーズは、プラスチック粒子で中身は入っておらず、削減の取り組みが始まっています。一方、マイクロカプセルはプラスチックのカプセルの中に農薬や香料、消臭成分などが封入されたもので、まだ規制に向けた議論は進んでいません。

〔2〕 UNEP GPA 2015: Plastics in Cosmetics: Are we polluting the environment through our personal care?

〔3〕 チャールズ・モアほか著『プラスチックスープの海 北太平洋巨大ごみベルトは警告する』（海輪由香子訳、NHK出版、2012年）

3章 氾濫する抗菌剤と消臭剤

1

柔軟剤で体調を崩す人が増加

においブームに落とし穴、あなたも被害者？

「洗濯物がふんわり、柔らかく仕上がる」「静電気を防止し、除菌効果がある」などのテレビコマーシャルに誘われて、洗剤といっしょに柔軟剤を使用する人が増えています。それに伴い、においに対する苦情も増加しています。

国民生活センターの事故情報データバンク（2017年）によれば、洗濯のさいに柔軟剤を使い、そのにおいによって頭痛や喉の痛み、鼻水が出て咳込むなど、体調を崩したとの報告が、591件ありました（次のページ表参照）。

その原因として、いくつかの問題が推定されます。柔軟剤の成分として入っている除菌剤、におい成分の合成香料や添加剤、それらを閉じ込めるマイクロカプセルの問題です。空気中で揮発した除菌剤の成分と、香料成分などに入っている有害物質が複雑に混ざり合い、それを吸い込むことで不快感を訴える人が増しています。におい成分などを含むマイクロカプセルが空気中で弾けるときにも、カプセル素材のプラスチックから有害物質が放出されている可能性があります。

強い刺激性があり精子数の減少も

柔軟剤の効果は、洗濯物のふんわり仕上げと除菌がうたわれていますが、そのために、除菌成分でも

●柔軟剤のにおい成分による健康被害（自宅、または近隣で使用）

- 頭痛や喉の痛み、鼻水が出て咳き込んだ
- 目や鼻の粘膜が痛い
- めまいで倒れそうになる
- 湿疹が出て、手足がガサガサになった
- 手足がしびれて、吐き気がひどい
- 吐き気などにより、救急車で搬送された
- 体中がかゆくなった
- イライラ感がひどくなった
- におい成分が肺まで入り、苦しくなった

出典：国民生活センター事故情報データバンク（2017年）より

ある陽イオン界面活性剤（＝ジアルキルアンモニウム塩等の第4級アンモニウム塩）が使われています。

陽イオン界面活性剤は洗濯物をふんわりと仕上げますが、人体のたんぱく質と結びつきやすく、たんぱく変性作用（たんぱく質の性質を変える作用で、肌荒れなどを起こす）もあります。

また、第4級アンモニウム塩は魚毒性（魚に対する毒性）だけでなく、ヒトにも非常に強い皮膚刺激性がありますが、あまり知られていません。

加えて、この物質を含む活性剤「塩化ベンザルコニウム」は、動物実験でマウスの精子数が減少したとして、生殖毒性が疑われているので気がかりです。

消費者が判断できない あいまいな成分表示が問題

さて、除菌・消臭剤といえば「ファブリーズ」や「リセッシュ」が有名です。発売元のP&Gのホームページを見ると、「ファブリーズ」の消臭成分はトウモロコシ由来、除菌成分はQUAT（クワット）と記載されています。QUATとは第4級アンモニウム塩のことですが、QUATと表記された成分表だけでは消費者にはわかりません。

科学ジャーナリストの渡辺雄二氏著『ファブリーズはいらない――危ない除菌・殺虫・くん煙剤』（緑風出版）にも、「ファブリーズ」には除菌成分として第4級アンモニウム塩が入っていると明記されています。このような化学物質が部屋の中でスプレーされることを、私は危惧《きぐ》しています。

室内で使用すると危険レベルに

デパートの家具売り場や、新築の家で目がチカチカしたり、喉が痛くなったことはありませんか。

原因は合板や壁紙に使われる接着剤、塗料、断熱材、畳、家具、電気製品などから揮発する化学物質（揮発性有機化合物＝VOC）です。この症状がひどくなると、「シックハウス症候群」になります。

現在は、ホルムアルデヒド、トルエン、キシレンなど室内を汚染する13の化学物質が、シックハウス症候群の原因として規制対象になっています。これらの物質が室内で揮発した場合、「総揮発性有機化合物（TVOC）」の安全指針値は、400マイクログラム（μg）／立方メートル（㎥）とされています。これは、400μg／㎥以上の濃度になった室内環境では、人体に有害な影響を与える可能性があるとする基準値です。

ところが、消臭剤「トイレその後に」（第4級アンモニウム塩を含む）を部屋の中で噴射したあとに室内の空気を測定すると、400μg／m³を超えたという報告があります。

また、最近は香りや消臭成分を閉じ込めるマイクロカプセル方式（プラスチックのカプセルに成分を閉じ込める。少しずつカプセルが破れて、中身が空気中に放出される）の柔軟剤がはやっていますが、香りの強い柔軟剤入り洗剤を使うと、香りの弱い製品に比べて室内のTVOC値は、3〜7倍になるという実験結果〔1〕もあります。

このように、狭い空間で除菌・消臭剤などを使用すると、TVOCの値が健康に悪影響を与えるレベルまで増加する可能性があるのです。

不必要な化学物質は生活空間に持ち込まない

化学物質の世界では、「毒と薬は紙一重」といいます。少量ならばリラックスできるアロマや、嫌なにおいを消すはずの消臭剤も、多種多様な化学物質が揮発している室内環境では、ほかの物質と反応して不快な物質になったり、時には健康を損なうこともあります。

これまで何でもなかったにおいがある日、急に耐えられなくなるという体験は、このような現象が原因です。

においに対する拒否反応やシックハウス症候群は、突然起こります。安全が第一の家庭の室内環境に、これ以上、不要な化学物質を持ち込まないように心がけましょう。

〔1〕論文「柔軟剤中の香料による気道刺激に関する研究」（神野透人ほか）平成25年度室内環境学会学術大会

2 合成香料にアレルギーや過敏症の恐れ

柔軟剤、芳香剤、化粧品などに数百種の化学物質使用

香りによる被害を訴える人が増えています（次のページ図参照）。最近は柔軟剤だけでなく、化粧品、玩具、トイレの消臭剤、アロマセラピー（芳香セラピー）などに、合成香料（合成ムスク）の添加が広がっています。また、「自然の香り」といっても、合成化学物質によってにおいが付けられているものが多くあります（50ページ図参照）。

吐き気や喉の違和感 香水は危険な贈り物

日本消費者連盟関西グループのアンケート調査（2013年）では、「『香りが苦しい』と感じる製品は香水類、芳香剤、柔軟剤、洗濯洗剤が多く、吐き気、気分のイライラ、喉のイガイガ症状を訴える人が多かった」と報告されています。

また、国際環境NGOグリンピースのレポート「危険な贈り物――香水」（05年）では、「有名な香水の多くに、合成香料（ムスク類）・フタル酸エステル類（2章1参照）が含まれている」と報告され、「香水やボディローションをたくさん使うと、血中の合成香料レベルが高くなる」と指摘しています。

合成香料は、10種類から数百種類もの化学物質を混合し、有機溶剤（トルエンや精油の成分など）を添加して作られる複合化学物質です。この合成香料

●香りが原因の健康リスク

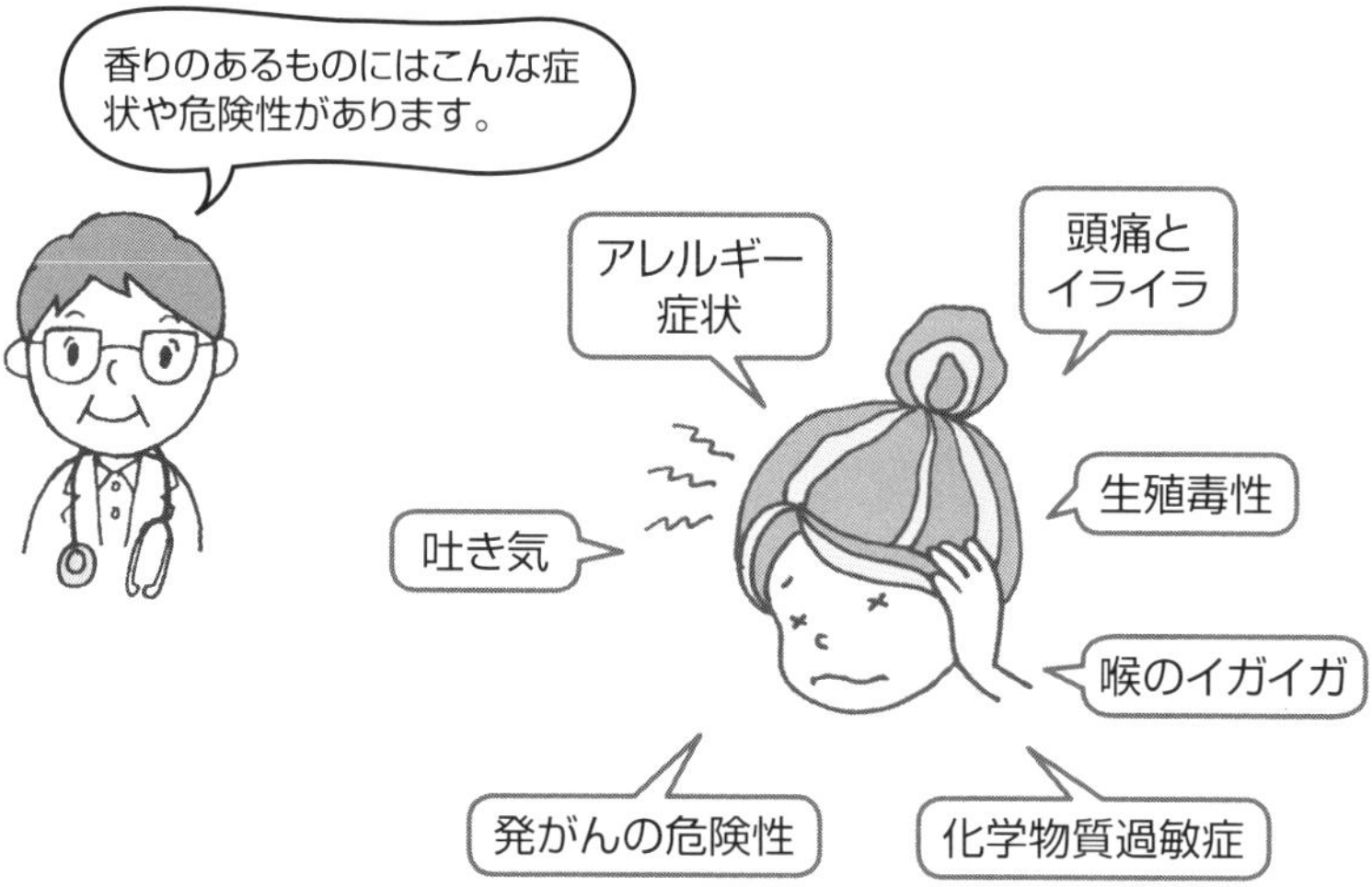

は、香りそのものより香りを保つ定着剤として、消臭芳香剤や洗濯物の仕上げ剤によく使用されるほか、スミレ、バラ、ラベンダーなどの香りをより強くさせる目的でも使われています。

100％天然のアロマオイルも要注意

アロマに使われるエッセンシャルオイル（精油）なら、花や木など植物に由来し、100％天然の芳香成分だから安全と思う人も多いと思いますが、じつはそうともいえません。

エッセンシャルオイルを植物から抽出する方法は主に、①水蒸気で蒸す②圧搾する③毒性の強い有機溶剤ベンゼン、ヘキサン、石油エーテルなどを用いて抽出する溶剤抽出法があります。③はバラやジャスミンなどの微妙な花の香りを抽出するのに有効な方法です

●合成化学物質でにおいを付けた製品

が、溶剤が製品に残留する可能性があります。

香水や柔軟剤のにおいでアレルギー症状を起こす人も多く、皮膚症状以外にも、頭痛、吐き気、粘膜の炎症、喉の痛みやぜんそくなどの症状が出る人もいます。

合成香料は吸い込んだり、皮膚からも体内にとり込まれます。その場合、分解しにくく母乳や脂肪に蓄積するため、人の母乳から検出される例が報告されています。つまり、急性毒性より慢性的な影響が問題になり、環境ホルモン作用や、精子の遺伝子を傷つける生殖毒性、発がんの危険性も指摘されています。

製造・使用を規制するEU 日本は企業任せ

EU（欧州連合）はREACH（07年に施行した新化学物質規制）に基づき11年2月、合成香料の成分・ムスクキシレンなどの製造と使用を規制しました。また13年からは、アレルゲン性香料の一部を成分表示する規制がスタートしています。

一方、日本ではメーカーが合成香料の一部を、分解しにくい性質をもち、長期的な毒性が生じる可能性があるとして、96年から自主規制を始めましたが、法的な規制はなく、大半の合成香料が市場に出回っています。

洗濯用の柔軟剤だけでなく、「消臭芳香剤」などもできる限り使用しないように心がけましょう。とくに子どもは、有害物質を吸い込むと影響を受けやすいため、こうした商品は避けましょう。少量の香料でも、アレルギーや化学物質過敏症を引き起こしてしまうケースも少なくありません。

岐阜市では05年から、病院や学校などの公共施設に、香料の使用自粛をお願いするポスターが張り出されています。

このほかにも、自治体や患者団体が発行する「香料自粛のお願い」ポスターがあり、この掲示は埼玉県、佐賀県、千葉県佐倉市、大阪府和泉市など各地で広がっています。

また、香りによる健康被害は「香害」として社会問題になりつつあり、市民団体が動き始めました。「日本消費者連盟」「ダイオキシン・環境ホルモン対策国民会議」など6団体は「香害をなくす連絡会」を立ち上げ、制汗剤などのにおいで登校できない生徒などのために、国や地方自治体に働きかけています。

あなたの住む地域でも、行政や学校に対して積極的に、「香料自粛」を働きかけましょう。

〔参考資料〕
ブックレット『香害110番 ～香りの洪水が体を蝕む～』（日本消費者連盟、2018年）、単行本『香りブームに異議あり』（ケイト・グレンヴィル著、鶴田由紀訳、緑風出版、2018年）

MEMO

環境省は女性のクールビズをすすめる目的で柔軟剤や制汗剤の使用を推奨（13年6月）しましたが、香りによる健康被害を懸念する市民団体などから反対する声があがり、これらの製品の推奨を撤回しました。

3 家庭にあふれる除菌スプレー、抗菌グッズ
免疫力低下や感染症を引き起こす

インフルエンザなどの流行が始まると、生活用品の消毒や除菌が推奨されます。テレビコマーシャルでは、室内に除菌スプレーをまくシーンが流されます。身の回りには抗菌歯ブラシ、抗菌まな板などの抗菌グッズがあふれ、電車やバスなどの車内も定期的に消毒されることがあります。

「消毒」のまやかし 学校給食の野菜も過剰消毒

不思議なことに日本では、農作物に殺虫剤をまくときに、「農薬」ではなく「消毒」ということばが使われます。巧みにことばを言い換えることで、消毒＝「毒消し」だから多くまくほど良いという誤解を与え、殺虫剤などの農薬の使用を助長させてきたのです。

ところが最近になって、農薬が子どもの脳に悪影響を与えることがわかってきました。学校給食で出される野菜も、殺虫剤と殺菌剤をたっぷり使って栽培されるケースや、さらに調理前に消毒されることもあり、過剰消毒の害が懸念されます。

必要な消毒薬も 体内に入れば重大事故に

しかし、家の中のばい菌やバクテリアを徹底的に

●家庭でできる3つの対策

体の中には、多様な微生物がつくるミクロな生態系（マイクロバイオーム＝微生物の集合体）があるため、ばい菌を徹底的に排除する考えを捨てましょう。

1. 消毒剤はけがをしたときなど、本当に必要なときだけ使う
2. むやみに除菌剤、抗菌グッズを使用しない
3. 水でのうがいや、薬用ではない普通のせっけんを使い、手洗いをしっかりする

排除しようと、消毒・抗菌・除菌剤の使用が年々、エスカレートしています。

ところがこの消毒・抗菌・除菌剤の中身を知っている人はあまりいません。そのルーツは殺菌剤で、代表的なのは医療現場で皮膚や器具の消毒に使われる衛生消毒剤です。

2016年、老人ホームで点滴に混入された消毒剤（塩化ベンザルコニウム＝第4級アンモニウム塩）による死亡事件が起きました。この事件は、医療現場で使用されている消毒薬でも、間違って体内に入ると人が死ぬ恐れがあることを、再認識させました。

この薬剤を投与したマウスの実験では、低用量でも精子数の減少が確認されました。また、マウスのゲージをこの薬剤で定期的に消毒すると、繁殖力が低下することも証明されています。

そのような劇薬を部屋にまき散らすのは大問題で

すが、この薬剤は除菌・消毒用のティッシュペーパーや手指消毒剤にも使用されています。室内に同薬剤が使われているファブリーズなどの除菌スプレーや殺菌剤をまく必要が本当にあるのでしょうか。

薬用せっけんの抗菌成分 欧米では禁止に

殺菌剤といってもさまざまな種類があります。薬用せっけんに含まれる抗菌成分トリクロサンは、これまで多用されてきましたが最近、効果よりも害のほうが大きいことがわかり、欧米では禁止されました。また、殺菌効果が強く、体の中の微生物の多様性を壊すこともわかり〔1〕、米国食品医薬品局（FDA）は、「薬用せっけんより普通のせっけんで洗ったほうがよい」との見解を示しています。

その仲間の化学物質「トリクロカルバン」入りの薬用せっけんがまだ販売されていますが、2016年9月末、日本でも1年以内に別の物質に変更されることになりました。

しかし、「別の物質になるから安全」と考えるのは早計です。殺菌効果がある第4級アンモニウム塩（3章1参照）などの多用が予想されるからです。

消毒の悪影響 体内の菌のバランスを壊す

過剰な消毒の悪影響を整理してみましょう。

第1　免疫力を低下させる

私たちの体は良い菌、悪い菌の微妙なバランスによって免疫力が保たれています。悪い菌を殺そうとすると良い菌もいなくなり、免疫力が低下します。

最近の研究で、赤ちゃんの免疫系の発達には、生まれるときにお母さんの豊かな細菌そう〔2〕をもら

●回虫博士こと藤田紘一郎東京医科歯科大学名誉教授のコラム「行き過ぎた日本人の清潔志向に警鐘」

洗い過ぎで雑菌が繁殖　きれいにするつもりが逆効果

ある時期、膣炎に悩む女子学生が増えました。頻繁にせっけんで洗ったり、ビデを使ったことが原因らしいのです。

洗い過ぎると膣内を酸性にして、雑菌増殖を抑える大切な細菌も殺菌してしまいます。多くの人が、洗うときれいになると思っていますが、じつは洗い過ぎると大切な菌がいなくなり、雑菌が繁殖してしまうのです。きれいにしようと洗い過ぎると、逆に「汚くなる」といっても過言ではないのです。

藤田紘一郎著
『“きれい社会”の落とし穴』（ＮＨＫ人間講座）より

うことが大切で、細菌そうのバランスが悪いと免疫系が正常に働かず、アトピーやアレルギーなどになりやすいことがわかりました。また、自閉症など発達障害の症状軽減に腸内細菌の移植が効果を発揮するので、細菌そうは良いバランスであることが重要です。

第２　耐性菌が作られる

抗生物質と同じで、抗菌物質を多用すると耐性菌が作られ、薬が必要なときに効かなくなります。

第３　有害な菌を増殖させる

抗菌剤を使用し過ぎると、体内の細菌の数や種類が減少し、そのとき体内に入ってしまった有害な菌が異常増殖して、感染症が拡大する恐れがあります。

〔1〕Is triclosan harming your microbiome? Science 353, 2016.
（マイクロバイオームとは体の中の微生物界）
〔2〕多様な細菌の集まり

4 フッ素入り歯みがき剤に注意
子どもの脳神経に影響、不妊、奇形、がんの原因に

1章2で、水や油をはじく目的で、衣類や鍋などの日用品に使用される有機フッ素化合物（フッ化物）の危険性を紹介しました。フッ化物は歯みがき剤、抗がん剤、抗炎症剤、麻酔薬などにも使われています（次のページ図参照）。

フッ素化合物洗口と塗布推奨する日本

これまでの研究結果によれば、フッ化物は人工血液に使えるほど安全なものがある一方で、猛毒な神経毒性をもつ化合物もあり、脳神経の基本的な機能に影響して、不妊、奇形、糖尿病、がんなどの原因になることがあります。また、アルミニウムと結合すると、血液脳関門に入り、胎児・乳幼児にも影響を及ぼすため、要注意です。

米国などいくつかの国では、水道水にフッ化物が添加されていますが、添加に反対する人たちは、「飲料水にまでフッ化物を添加すると、歯のフッ素症（幼児期に過剰に継続してフッ素を摂取すると、歯の表面が白くなり、発育不全が起こる）や骨肉腫などの病気を引き起こす」「過剰摂取は骨硬化症や脂質代謝障害と関連し、その害は想像以上に大きい」と訴えています。

一方、日本では厚生労働省がフッ素はむし歯予防

●直接体に入るのが心配
有機フッ素化合物を使用した歯みがき剤や医薬品

フッ素入り歯みがき剤

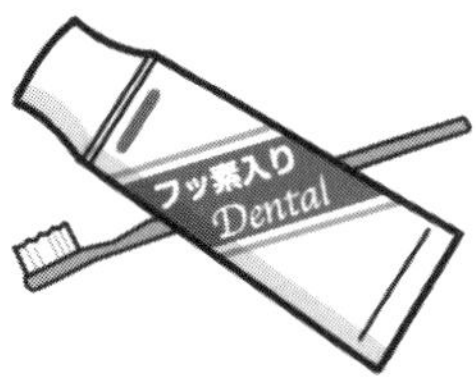

むし歯予防の
洗口やフッ素塗布

ステロイドぜんそくの吸入薬、
アレルギー性鼻炎の点鼻薬

抗がん剤、
治りにくい糖尿病の新薬

血中コレステロールを下げる
高脂血症治療薬

けがや手術に用いられる
吸入麻酔薬

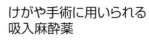

に効果があるとして2003年、「フッ化物洗口ガイドライン」を策定し、フッ化物で口をすすぐことを推奨しました。それにもとづき、文部科学省や地方自治体は、学校での集団フッ化物洗口を推進しています。さらに、歯科では子どもの歯に塗布したり、市販の歯みがき剤にも添加されています。

この動きに危機感を強めた日本弁護士連合会は11年、「集団フッ素洗口・塗布の中止を求める意見書」を、厚労大臣、文科大臣、環境大臣に提出しました。

この意見書は、そもそもフッ化物自体に毒性があり、むし歯には効果があるように見えても、全身疾患（甲状腺疾患や催奇形性など）への調査が不十分であるなど、過剰摂取の有害性を多岐にわたって指摘し、中止を求めています。

これに対して、日本医師会と日本学校歯科医会は、「フッ化物洗口、フッ化物歯面塗布の推奨、推進に変わりなし」との見解を発表。厚労省の「歯科口腔保健推進に関する基本事項」（12年7月23日）には、従来の方針が明記されたままになっています。

米国でも広がる懸念 予防原則の適用を主張

日本と同様に、多くの歯みがき剤にフッ化物が添加されている米国では、歯みがき剤に「子どもが豆粒大の量の歯みがき剤を飲み込んでしまったときは、専門医にすぐ見てもらうように」との注意書きが付いています。

化学物質が与える子どもの脳への影響について警鐘を鳴らすハーバード大学のフィリップ・グランジャン博士〔1〕は、「飲料水の中のフッ化物が、濃度によってはIQ（知能指数）低下に結びつく」とする論文〔2〕が大きな反響を呼んだことに触れて、

「まだ結論が出たとはいえませんが、ＩＱ低下との関連の確かな証拠がなくても、子どものために予防原則を適用し、フッ素入り歯みがき剤や飲料水への添加は、有害の可能性があると考えるべき」と警告しています。

また、ＣＤＣ（米国疾病予防管理センター）は現代人が大気や食品、衣類や生活用品など、多様なルートからフッ化物にばく露されている状況を考えると、飲料水へのフッ化物添加の費用対効果はきわめて疑問と、主張し始めました。

住民の反対が広がり世界で中止が相次ぐ

世界では、最近の数十年間で水道水にフッ化物を添加する自治体（都市）数が半減し、住民の反対が広がったスウェーデンやオランダでも中止されました。

「過ぎたるは及ばざるがごとし」という格言があります。物事の程度を超えた行き過ぎは、不足していることと同じように良くないという意味ですが、化学物質の世界においてもこの格言はよく当てはまります。

微量なら効果があっても、多く使用すると一転して危険になる物質もあります。フッ化物は、とくに注意しましょう。

〔1〕グランジャン博士のサイト http://braindrain.dk/
〔2〕Choi AL et al. Environ Health Perspect, 2012

4章

日本は世界で有数の農薬使用国

1

農薬が子どもの行動・知能に影響

家庭用殺虫スプレーはヒトの脳神経の発達を阻害

身の回りのさまざまな化学物質が、子どもの行動や知能（IQ）に影響するという研究が、海外で数多く発表されています。10万種類以上もある化学物質のなかで、私たちにとってもっとも身近な化学物質が農薬です。

日本は、世界でも有数の農薬使用国です。野菜や米などの農作物だけでなく、家の中では殺虫剤としてゴキブリ退治や床下のシロアリ駆除に、そして戸外では家の庭や街路樹、公園、学校などに散布されています（次のページ図参照）。

狭い国土に大量の農薬が使われていますが、子どもたちの健康にどんな影響があるのでしょうか。

低用量でも注意欠如多動性障害のリスクが2倍に

子どもへの農薬の危険性は、日本ではほとんど話題になりませんが、米国では目下、専門家が真剣に議論を始めており、子どもの発達や行動への農薬の影響が、さまざまに報告されています。

米国小児科学会は2012年、化学物質のなかでもとくに、農薬ばく露が子どもにもたらす影響を重く見て、「子どもへの農薬ばく露低減を求める政策声明」*を発表しました（65ページ資料参照）。

とくに注目されたのは、農薬と子どもの注意欠如多動性障害（ＡＤＨＤ）の関連を示唆する研究です。

米国のハーバード大学の研究チームは、ＡＤＨＤと診断された子どもの尿を調べ、ごく低用量でも、有機リン系農薬の代謝産物（体内で変化した物質）が尿から検出された子どもは、検出されなかった子どもに比べて、ＡＤＨＤのリスクが２倍高くなることを示しました。

この研究リーダーのブシャール女史は、有機リン

●農地以外でも使われている農薬

系農薬だけでなく、日本でも殺虫スプレーや防虫シートなどに使用されているピレスロイド系農薬にも同様の危険性があることを指摘しています。

そもそも有機リン系農薬やピレスロイド系農薬は、害虫の神経系を攻撃することを目的に開発されており、強い神経毒性をもっています。しかし、これらの農薬が害虫だけでなく人間にも神経毒性を発揮することは、農薬の開発者にとって想定外だったのです。

日本では有機リン系農薬が、現在も大量に使用されています。たとえば、床下のシロアリ駆除剤などに使用されてきたクロルピリホスは有機リン系農薬の一種で、「子どもの知能（IQ）低下や作業記憶[1]に障害が起こる」との報告があります。しかし現在、建築材料への使用が禁止されているだけです。

また近年、使用量が急増している新しいネオニコチノイド農薬も、ニコチンに似た強い神経毒性があるので要注意です。日本にはまだ何の規制もありませんが、EU（欧州連合）は13年12月からネオニコチノイド系農薬（3成分）を一時使用中止し、17年の全面禁止をめざしています。

虫よけスプレーは天然系を 学校や公園での散布は中止に

それでは、子どもの脳や神経、行動への農薬の影響を避けるには、どうしたらよいのでしょうか。

殺虫スプレーは呼吸を通じて体内に取り込まれるので、できるだけ使用を控えましょう。また、子どもに虫よけスプレーを使うときには、日本では使用が禁止されていない化合物のディート（虫よけ剤）が含まれているスプレーではなく、ディートを含まない天然の成分を使った製品を選びましょう。

もちろん、日頃から子どもたちには、農薬の使用

米国小児科学会
「子どもへの農薬ばく露低減を求める政策声明」（2012年）

子どもは日常的に農薬にさらされており、それらの潜在的な毒性に対して、きわめて影響を受けやすい。

親が農薬をたくさん浴びると、子どもが急性リンパ性白血病や脳腫瘍になりやすく、生後1年以内に農薬（除草剤も含む）にばく露した子どもはぜん息になりやすいなど、数多くの研究が農薬と子どもの病気の関連を示唆している。

さらに、農薬は発達途上の胎児の脳に悪影響を及ぼし、最近増えているＡＤＨＤ（注意欠如多動性障害）や自閉症などの発達障害とも関連している可能性がある。

急性の影響はだれの目にも明らかだが、少量でも慢性的な健康への影響があることが次第にわかり始め、小児科学会として行動を起こす必要がある。（抜粋）

をできる限り減らした農産物を食べさせることが大事です。

海外ではすでに、農薬の子どもへの悪影響を減らすために、家庭や学校だけでなく、市民団体や専門家らによる農薬削減への動きが始まっています。日本でも、自治体や政府に対して強力に働きかけていきたいものです。子どもの学校や公園などでの不必要な農薬の散布に対し、声をあげて中止を求めましょう。

＊米国小児科学会（American Academy of Pediatrics）Technical Report 2012/11/26 Pesticides Exposure in Children)

〔1〕作業記憶（ワーキングメモリー）：頭で作業するときに必要な記憶。瞬時に記憶し、それを活用して行動するので、それに障害が起きると暗記や会話、思考能力に影響する

2 ミツバチ大量死の原因、ネオニコチノイド農薬
日本ですすむ残留基準の大幅緩和に

ネオニコチノイド農薬はほとんどの野菜、果物、米、茶などに20数年前から使用され始めました。国内出荷量はこの15年間に3倍以上に増加し、住宅建材やペット用にも及んでいます（次のページ図参照）。

EUでは、ミツバチの大量死との関連や子どもの脳への影響を重視し、２０１３年12月、この農薬の3成分の一時使用中止を決めました。ところが日本では、その直後に残留基準が緩和されました。

子どもの脳への悪影響 欧米で大きく報道

13年12月に欧州食品安全機関（ＥＦＳＡ）は、「この農薬の3成分のうち、2成分（アセタミプリド、イミダクロプリド）は子どもの脳の発達に悪い影響を与える恐れがある」と正式に表明。このニュースは世界中を駆け巡りました。

欧米の主要なメディアは、この問題を大きく報道。規制を始めたEUは、子どもの脳の発達への影響を重視することによって、子どもへの悪影響は減らせる見込みです。

日本では農作物、住宅建材、家庭用殺虫剤にも多用

しかし、日本ではなんら対策を講ずる動きはなく、

●新しいシックハウスの原因に？　住宅建材もネオニコチノイドだらけ

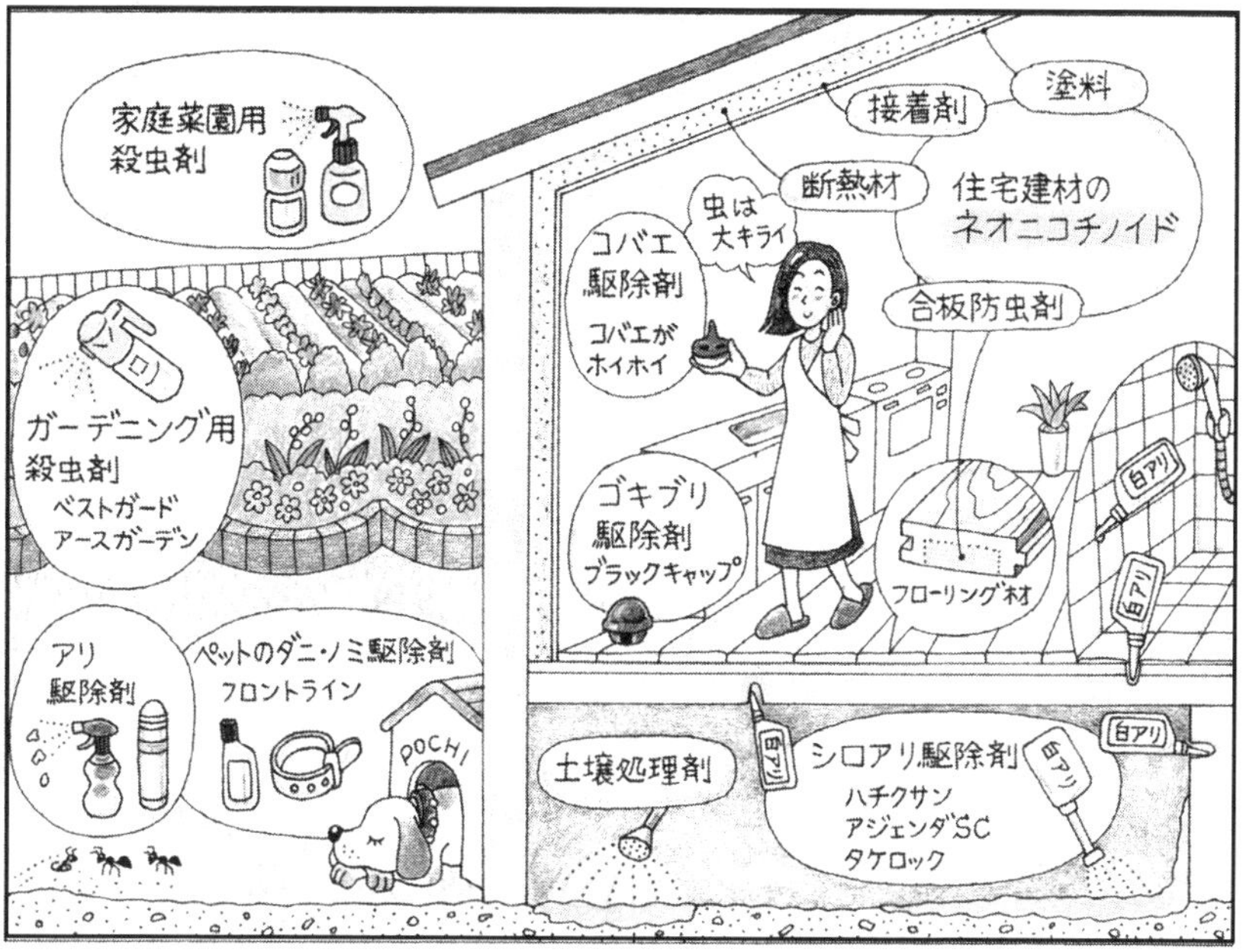

出典：『新農薬ネオニコチノイドが脅かす　ミツバチ・生態系・人間』
（NPO法人ダイオキシン・環境ホルモン対策国民会議、2012年）

現在もほぼすべての農作物にネオニコチノイド農薬（8成分）が使用されています。

農薬や化学肥料を使う慣行栽培の米のうち、6割以上で稲の苗箱に散布され、さらに稲の穂が出るころには、カメムシ防除のためのヘリコプターによる空中散布がおこなわれています。

また、家庭用殺虫剤や住宅建材、松枯れ防除の薬剤、床下のシロアリ駆除剤、ペットのダニ・ノミ取り剤など、あらゆるところで使用されています。

ゴキブリやペットのノミの駆除剤に使われるフィプロニルも、ネオニコチノイドと同じ浸透性農薬なので、同じ危険性が指摘されています。EUはすでに使用を中止し、中国でも09年に国内向け農作物に対する規制（輸出は許可）がされました。

もともと緩い基準を緩和子どもに急性中毒の恐れも

ところが、日本はこれらの農薬の使用をさらに拡大し、ネオニコチノイド農薬の農作物への残留基準を大幅に緩和したのです。

そもそも日本のネオニコチノイドの残留基準は、ＥＵと比べると最高で６００倍も緩く決められています。そのことは、次のページの表で示したアセタミプリド（ネオニコチノイド農薬の１成分）の例を見てもわかります。

ミツバチの大量死を引き起こしたネオニコチノイド系農薬の成分の一つ「クロチアニジン」（商品名「ダントツ」など）は２０１５年の残留基準改定で、ホウレンソウ、シュンギクなど葉もの野菜に対する残留基準が大幅に緩和されました。

たとえば、ホウレンソウの基準は３ｐｐｍから40ｐｐｍに緩和されましたが、クロチアニジンを40ｐｐｍ含むホウレンソウを、体重16kgの子どもが40ｇ食べると、ＥＵの急性参照用量（ＡＲｆＤ[1]）を超え、急性中毒になる恐れが指摘されています。

また、ＥＦＳＡはネオニコチノイド農薬のもう一つの成分「アセタミプリド」のＡＲｆＤの値を、さらに４分の１（０・１㎎／kgを０・０２５㎎／kg）に引き下げるべきと勧告しています。

環境市民団体が抗議知識のさらなる普及を

14年２月３日、国際環境保護団体ＮＧＯ「グリンピース」や「反農薬東京グループ」、ネオニコチノイド農薬問題に当初から取り組んでいる「ダイオ

●アセタミプリドの残留基準値（ppm）日本の基準は欧米の数百倍緩い

2016年9月現在

食品	日本	米国	EU
イチゴ	3	0.6	0.5
リンゴ	2	1.0	0.7
ナシ	2	1.0	0.7
ブドウ	5	0.35	0.2
スイカ	0.3	0.5	0.01*
メロン	0.5	0.5	0.01*

食品	日本	米国	EU
茶葉	30	50	0.1
トマト	2	0.2	0.15
キュウリ	2	0.5	0.3
キャベツ	3	1.2	0.6
ブロッコリー	2	1.2	0.3
ピーマン	1	0.2	0.3

*検出限界以下

出典：NPO法人ダイオキシン・環境ホルモン対策国民会議作成

キシン・環境ホルモン対策国民会議」、「ネオニコチノイド農薬の使用中止を求めるネットワーク」などの環境市民団体が、厚生労働省や農林水産省の残留基準緩和に抗議、撤回を求める申し入れをおこないました。

この件に関するパブリックコメントは1000件以上集まり、残留基準緩和に抗議する電子署名は、4週間で1万2000筆を超えました。この大きな世論の高まりを受けて、厚労省はクロチアニジン残留基準の改定告示手続きを凍結。しかし、食品安全委員会（内閣府）での再評価が叶わず、行政を動かすにはいたりませんでした。

この農薬は安全性に対する知識のさらなる普及と規制が、喫緊の課題です。

〔1〕ARfD：短期的（24時間以内）に摂取した場合、ここまでなら食べても大丈夫という値

3

慣行栽培での農薬の大量使用　規制が急務

子どもが好きなイチゴやリンゴに数十回も散布

スーパーで売っている米・野菜・果物に、いったいどれほど農薬がかけられているか、知っていますか。虫食い一つない農作物が店頭に並ぶまでに、殺菌剤や殺虫剤が何十回も散布されています。

一般的な栽培で農薬の過剰散布が日常化

日本では、有機・無農薬栽培をしている農地が全体の0・5％（農林水産省）しかなく、ほとんどが農薬を使う慣行《かんこう》栽培です。慣行栽培には、農薬をいつごろ、何回使用するのかを示す農薬の防除暦があります。これは、農林水産省の通達に基づいて、各都道府県が防除のガイドラインを決め、通常、地域のＪＡ（農協）などが作成します。

次のページの表は、慣行栽培の農産物防除暦の一例で、2013年度の長崎県のガイドラインです。ナス34回、イチゴ65回、トマト64回など、驚くほど多い農薬使用回数が記されています（この回数は各地域で異なります）。

表にある「使用回数」とは農薬成分の回数の合計

イチゴは多種類の農薬が50回以上使用されている

のことで、たとえば、同じ日に殺菌剤を1回（1成分）、殺虫剤を1回（1成分）使用すれば、2回と数えます。したがって、表の数字は数十種類の農薬の使用を合計したもので、その回数が節減の対象となっています。

また、最近よく見かける「特別栽培農産物」は、このような慣行栽培の化学合成農薬と化学肥料の使用回数を5割以上削減した作物のことです。特別栽培農産物であっても、数十回農薬がかけられている作物もあり、「安心・安全」とばかりいえません。

●節減対象になっている農薬の使用回数の慣行レベル

（2013年、長崎県）

栽培型	栽培型	栽培期間の目安	節減対象農薬使用回数
水稲	早期	4月～9月	22回
ホウレンソウ 	普通期	5月～10月	24回
	周年		8回
キャベツ 	冬		16回
	冬・秋	8～2月	18回
ナス 	春どり	12月～5月	34回
	夏・秋	6月～11月	34回
イチゴ 	促成＊	7月～6月	66回
	促成		65回
トマト 	促成		64回
	夏・秋		48回

農薬の使用回数は、同じ日に殺菌剤1成分と殺虫剤1成分の計2成分を一緒に使用した場合は2回とカウントします。

＊促成は人工的に早く生長させること

イチゴにもネオニコチノイドや有機リン系農薬を使用

上の表によると、子どもが大好きなイチゴにも65回、農薬が散布されています。もしかしたら例外的なケースかもしれないと思い、イチゴの防除暦をいくつか調べてみました。

たとえば、山形県のＪＡ庄内みどりの

13年イチゴ防除暦では、合計78回（殺菌剤34回＋殺虫剤44回）でした。11種類の異なった成分の殺菌剤をそれぞれ1～6回、19種類の殺虫剤を1～4回散布するよう指定され、ネオニコチノイド系殺虫剤の「チアクロプリド」「アセタミプリド」「フロニカミド」が含まれていました。

また別の地域では、合計41回、35回などとする防除暦もありましたが、散布の少ないケースでもネオニコ系だけでなく、有機リン系の農薬「マラソン」の使用も定められていました。

総量規制がないために複合的な影響が考慮されていない

なぜ、農薬がこれほど多く使用されているのでしょうか。理由の一つは、日本の卸売や小売店、スーパー、消費者が、虫食いがなく、形がそろった色のきれいな農作物を市場に求め、その要求に応えて農作物の「商品」価値を高めるために、形状や品質の規格を増やしてきたことがあります。それが、生産現場での農薬使用を助長したのです。

また、農薬企業からの農薬使用拡大を求める要望を、長年、安易に受け入れてきた農水省の体質も問題です。命よりも、企業利益の追求が重視されてきた結果といえます。

さらに、農薬の作物残留基準や1日摂取許容量などは個々の農薬成分にしか定められておらず、一つの作物への農薬総量に対する規則がありません。法律の規制が、体への複合的な影響を考慮していないことも、重大な問題です。

また、食料の60％を占める輸入農産物の農薬汚染問題もあります。厚生労働省のホームページには、輸入食品の食品衛生法違反例、使用禁止の農薬の検出などが数多く報告されています。

微量な農薬の継続的摂取が子どもの脳の発達に影響することは、世界的に明らかになってきました（4章1参照）。しかも、農薬は環境ホルモン作用やアレルギーなど健康への影響も懸念されています。私たち消費者は予防原則に立ち、過剰な農薬使用をやめるように声をあげなければなりません。

同時に、減農薬や無農薬栽培に取り組む生産者もいますので、できる限りそのような農産物を選びましょう。

ネオニコチノイド農薬のように洗っても落ちない農薬もありますが、有機リン系など別の系統の農薬は流水でよく洗えば多少減らせるものもあります。台所では十分に水洗いする、ゆでるなど、農薬を除去する習慣を身につけましょう。

4 多過ぎる国産果物への農薬使用

日本の残留基準、高いものでEUの数百倍に

これまでは、輸入と国産の果物はどちらが安全かと聞かれれば、多少の知識がある人は迷わず「国産」と答えていたと思います。なぜなら、輸入する果物は長い輸送期間中にカビが発生しないように、防腐剤や殺菌剤などのポストハーベスト農薬を噴霧するからです。ポストハーベスト農薬〔1〕は毒性が強いだけでなく、収穫後に散布するので、食べる段階で農薬の残留値が高く、その危険性が指摘されています。

しかし、そのような輸入果物に比べて国産の果物は、本当に安全といえるのでしょうか。２０１３年11月から14年の1月に、日本から台湾に輸出された食品に、42件の違反が見つかりました。そのうち、残留農薬基準違反が39件ありました。

日本産のイチゴ 高残留農薬で台湾が処分

残留農薬がもっとも多かったのはイチゴです。台湾の食品医薬品管理局（ＦＤＡ）は、台湾の残留農薬基準に違反する日本産のイチゴを廃棄処分しました〔2〕。

一方、11年度に日本の農林水産省がおこなった調査では、日本産のイチゴから20種類の農薬を検出。なかには台湾では使われていないために、台湾には基準値がない農薬も多くありました。

台湾のマスメディアは、ほかにも日本から輸入し

たお茶の葉や抹茶パウダーに残留している農薬の異常な高さを取り上げ、「日本の果物やお茶は危ない」と報じました。私たち日本人は、自分の国の農薬汚染の事実を知らずに、輸入果物ばかりが危険だと思い込んでいるのではないでしょうか。

子どもの果物アレルギー増 疑われる農薬との関係

農水省は個々の農薬の成分について、「作物への残留濃度が基準以下であるから安全」といいますが、4章3で紹介したように、これほど多くの農薬を使う場合の複合的な影響は、まったく考慮されていません。表（次のページ）の農薬のなかには、子どもに対して神経毒性があると指摘される有機リン系農薬、ピレスロイド系農薬、ネオニコチノイド系農薬などが含まれています。

また農薬は、その急性毒性の強さから劇物、毒物、普通物と分類されますが、表のなかだけでも劇物指定〔3〕の農薬が5種類以上、含まれています。

近年、子どもの果物アレルギーが増えているといわれますが、農薬は無関係なのでしょうか。甘い農作物ほど虫がつきやすい、虫がつきやすいほど農薬を多く必要とするので、「甘い果物には要注意」です。

「日本の果物は傷一つなくて本当にきれい」という外国人の賞賛の声に喜んでいられません。国産の果物は子どもにとって安全かどうか、多くのお母さんが声をあげ、確かめる必要があります。

〔1〕 TBZ（チアベンダゾール）、OPP（オルトフェニルフェノール）など発がん性が指摘される多くの物質が含まれており、危険性が指摘されている

〔2〕 反農薬東京グループ「てんとう虫情報」（2014・1・25）

〔3〕 マウスやラットなどの半数が死亡する致死量（LD50）。毒物はLD50が体重1kg当たり30mg以下のもの、劇物は30mg〜300mgの範囲のもの。全農薬のなかで毒物は1%未満、劇物は約18%（2001年現在）

●ミカン防除暦 の一例（2013年度温州ミカン病害虫防除暦）

散布時期	使用薬剤名	成分名	使用回数上限
4月上旬	マネージ DF	イミベンコナゾール	3
5月上中旬	ロディー乳剤	フェンプロパトリン	4
5月上中旬	フロンサイド SC	フルアジナム	1
5月上中旬	エムダイファー水和液	マンネブ	2
5月上中旬	ストロビー DF	クレンキシムメチル	3
5月中下旬	ハチハチフロアビル	トルフェンピラド	2
5月上中旬	エムダイファー水和液	マンネブ	2
5月中下旬	フィガロン乳剤	エチクロゼート	4
5月中旬～6月上旬	ハーベストオイル	マシン油	
5月中旬～6月上旬	ターム水和剤	1-ナフタレン酢酸ナトリウム	1
5月中旬～6月上旬	ハーベストオイル	マシン油	
5月中旬～6月上旬	ターム水和剤	1-ナフタレン酢酸ナトリウム	
5月中旬～6月上旬	ハーベストオイル	マシン油	
6月中旬	モスピラン顆粒水溶液	アセタミプリド	3
6月中旬	シマンダイセン水和剤	マンゼブ	4
6月中旬	スプラサイト乳剤	メチダチオン	4
6月下旬	エムダイファー水和液	マンネブ	2
6月下旬	バイカルテイ	ギ酸カルシウム	
6月下旬	フィガロン乳剤	エチクロゼート	4
7月中旬	フィガロン乳剤	エチクロゼート	4
7月中旬	コテツフロアブル	クロフェナピル	2
7月中旬	ペンコゼブ水和剤	マンゼブ	4
7月中旬	バイカルテイ	ギ酸カルシウム	
7月中旬	オリオン水和剤	アラニカルフ	5
8月上旬	シマンダイセン水和剤	マンゼブ	4
8月上旬	バイカルテイ	ギ酸カルシウム	
8月上旬	スタークル顆粒水溶剤	ジノテフラン	5
9月上旬	ランマンフロアブル	シアゾファミド	4
9月上旬	コロマイト水和剤	ミルベメクチン	
9月上旬	スタークル顆粒水溶剤	ジノテフラン	3
9月上旬	ランマンフロアブル	シアゾファミド	3
9月上旬	コロマイト水和剤	ミルベメクチン	2
9月上旬	ベフラン液剤	ミノクタジン酢酸塩	3
9月中旬	ランマンフロアブル	シアゾファミド	3
9月中旬	ベンレート水和剤	ベノミル	4
9月中旬	ベフラン液剤	イミノクタジン酢酸塩	3
10月上旬	ベンレート水和剤	ベノミル	4
10月上旬	ベフラン液剤	イミノクタジン酢酸塩	3
10月中下旬	ベンレート水和剤	ベノミル	4
12月下旬～1月上旬	ハーベストオイル	マシン油	
			計 98 回

出典：http://www.ztv.ne.jp/zxbcrarv/より引用し、一部掲載

5 学校や駐車場で使われる除草剤に発がん性

海外では店頭から消え始めたが、日本では出荷量増加

除草剤は公園や学校、公共施設、家庭の庭などで、手間をかけずに草取りをする目的で使われています。

とくに、米国の多国籍バイオ化学メーカー「モンサント社」が開発した除草剤「ラウンドアップ」（農薬の一つ）にはグリホサートという強い成分が使用されており、グリホサートは人体への毒性が問題視されています。

ホームセンターで販売されるラウンドアップ

日本では現在、「草枯れ太郎」「激枯れW」「グリホス」「グリホタイガー」など、非農耕地用のラウンドアップのジェネリック製品も多数製造されています（次のページ表参照）。ホームセンターなどで販売され、だれでも簡単に入手できるため、都市部の生活空間で多用されているのです。

ラウンドアップ国内出荷量5倍もアップ

この半世紀、除草剤には毒性が強い化学物質が数多く使われてきました。代表的なのはベトナム戦争で散布された枯葉剤で、猛毒のダイオキシンを含有していました。

●日本で販売されているグリホサート入り除草剤（商品名）

草枯らしMIC	草退治 シャワー	こっぱみじんシャワー	エイトアップ 液剤
クサトローゼ	クサクリア	グリホキング	ネコソギ クイックプロFL
ネコソギガーデン シャワー	スーパーグリホ	ザッソージ エース	グリホタイガー
サンフーロン 液剤	タッチダウン	ラウンドアップ マックスロード	マイター液剤
グリホス	サンダーボルト	ラウンドアップ マックスロード AL	草枯れ太郎
クサトローゼ	ネコソギW クイック 微粒剤	コンパカレール 液剤	激枯れW

農耕地用、非農耕地専用の製品

日本でも水田の除草剤として、ダイオキシンを含む薬剤（CNPなど）が、1970年代を中心に大量に農地に投与されました。

80年代後半には、モンサント社が除草剤「ラウンドアップ」（成分名・グリホサート）と、グリホサートに抵抗性のある農作物の遺伝子組み換え（GM）作物を開発しました。「ラウンドアップ」はGM作物とセットで使うことで使用量が飛躍的に伸び、今では世界でもっとも使用される除草剤です。

米国では現在、全耕作地の約半分にGM農作物「ラウンドアップ・レディ」（モンサント社が開発した除草剤「ラウンドアップ」耐性農作物の総称）が植えられています。

一方、日本ではGM作物の商業的な栽培はおこなわれていませんが、グリホサートが除草剤として単独で使用され、国内出荷量は1990年から

２０１３年の間に約5倍に増加しました（左の図参照）。

モンサント社の特許はすでに切れているので、前のページの表に示したように、さまざまな企業がグリホサートを使ったジェネリック製品を発売しています。

●グリホサート原体国内出荷量

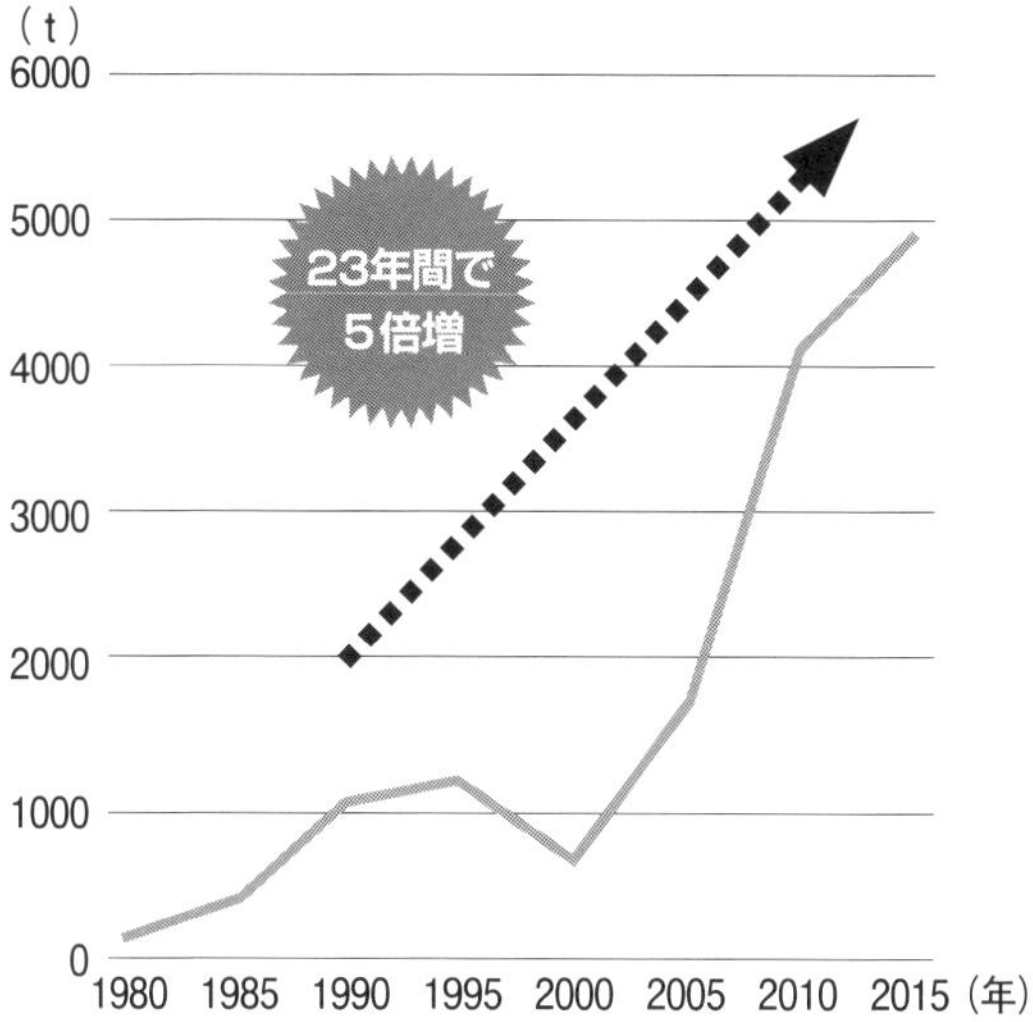

出典：国立環境研究所データより作成

少量でも先天奇形や腎臓に悪影響

ところが、最近になってグリホサートの人体への毒性が問題視されています。植物を枯らす薬剤が、人間にも影響を及ぼすことがわかってきたのです。

15年3月、世界保健機関（ＷＨＯ）の外部機関である国際がん研究機関（ＩＡＲＣ）は、除草剤グリホサートを有機リン系殺虫剤のマラチオンやダイアジノンとともにグループ２Ａ（２番目にリスクが高い）に指定し、ヒトに対しての発がん性を認めました。

「ラウンドアップ」を多用している地域で、非ホジキンリンパ腫（がんの一種）が増えているとの報告もあります。

そして、広い範囲での人体汚染が明らかになっています。環境保護団体「Friend《フレンド》 of《オブ》 Earth《アース》 Europe《ヨーロッパ》」の13年の報告書によると、18のヨーロッパ諸国でヒトの尿を検査したところ、44％の人からグリホサートが検出されたのです。

グリホサートは低用量でも腎臓の細胞を破壊する恐れがあります。EU諸国では、カエルやニワトリの胎仔《たいじ》に少量（ヒトが食べるレベル）を投与すると先天奇形が発生するとして、警戒を強めています〔1〕。

また、農地でGM作物と一緒にグリホサートが使用されている米国では最近、小児のワクチンにグリホサートが紛れ込んだことがわかり、母親たちの不安感を高めています。

世界は使用中止の流れ 規制がない日本

海外ではグリホサートの健康影響への懸念が高まり、規制や禁止の動きが活発化しています。19年7月、国際産婦人科連合（FIGO）は人の健康に影響する恐れがあるという理由で、グリホサートの使用禁止を提言しました。ドイツでは23年までにグリホサートの全面禁止が決まり、オーストリア国民議会でも禁止法案が可決されました。

日本では危険性が疑われる化学物質の規制が諸外国に後れをとり、規制はまだ始まっていません。庭にまいたこの薬剤は、土に染み込んで地下水の汚染につながるだけでなく、土壌からも揮発するため、子どもたちが吸い込む危険性もあります。

それでは、私たちに何ができるのでしょうか。まずは、子どもがいる学校や公園、家庭で除草剤をまくことの危険性を広く知らせて、使用中止を求めましょう。

〔1〕Roundup and birth defects, Earth Open Source June 2011

5章　増えている環境病

1 大気汚染は胎児と子どもの自閉症リスクに

母親が汚れた空気を吸い込むと、胎児の脳にダメージ

自閉症スペクトラム障害（ASD[1]）は、注意欠如多動性障害（ADHD）と並んで世界的に子どもを悩ます神経発達障害の一つとして、その増加が懸念されており、日本でも有病率が増えています[2]。

すでに世界の多くの研究者が、ASD発症リスクの約半分を環境要因が占めているとしています。しかし、環境要因は気候や土壌などさまざまです。今回は、空気・大気汚染を取りあげます。

妊娠後期のばく露
胎児の脳に大きな影響

中国などから国境を越えて、PM2・5（微小浮遊粒子状物質、次のページ図参照）が襲来していますが、PM2・5など大気中の微粒子によるばく露が、自閉症のリスクを増加させるとする研究が、いくつも発表されています[3]。

そのなかに、ASDの子どもをもつ母親を対象に妊娠前、妊娠中、出産後に住んでいた地域の大気汚染に関するデータ（PM2・5）を分析、比較した研究があります。研究の結果、PM2・5レベルが高い地域に住んでいた母親（妊娠前後9カ月同じ場所に居住）は、自閉症の子どもを出産する可能性が高いことがわかりました。

とくに、妊娠後期（28週以降）は胎児の脳のシナ

●大気中にある粒子（スギ花粉とSPM）とPM2.5との大きさの比較

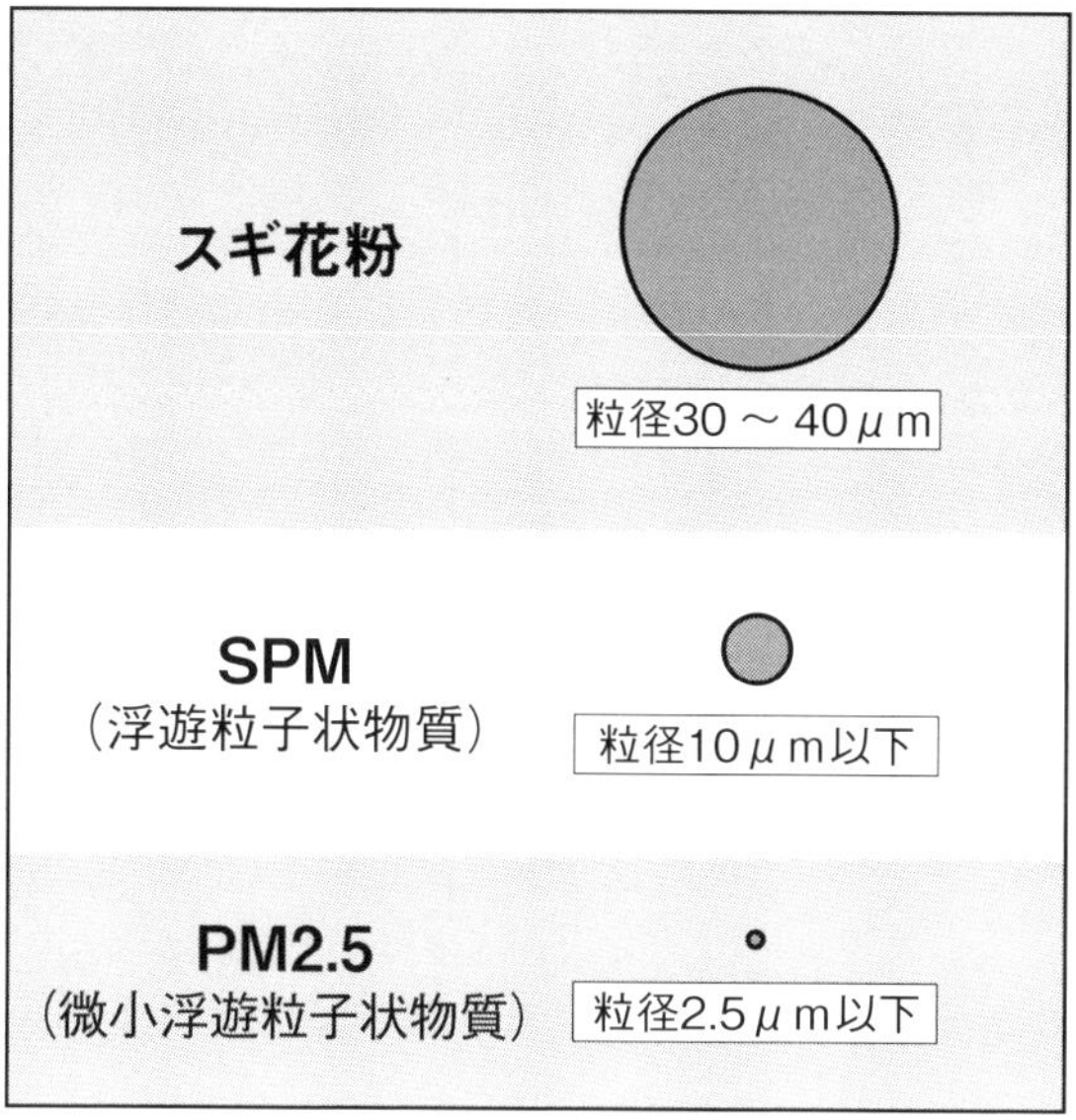

PM2.5は、花粉に比べて極小で、喉から肺の奥にまで入り込みます。また、小さくて軽いため、発生源から離れた場所にも運ばれて、地上に落ちることなく大気中に浮かんでいます。

プス（神経情報を伝達するための神経細胞同士の継ぎ目）の接続が活発になるため、この時期に母親が汚染された空気の微粒子を吸い込むと、胎児の脳のネットワーク成長に大きな影響を与えることがわかりました。

一方で、ＰＭ10など粒子が大きい場合には、その影響は実証されませんでした。

脳を侵す可能性がある汚染空気の超微粒子

妊婦のＰＭ２・５によるばく露と生まれてくる子どもの自閉症との関係は、動物実験でも裏付けられています。大気中からＰＭ濃度の高い空気を吸い込んだマウスは、脳の特定部位（脳室）が大きくなるなど、さまざまな異変が観察されているのです。

東京理科大学の戦略的環境次世代健康科学研究基

盤センターの研究者は、ディーゼル自動車から不完全燃焼で排出される超微粒子（ナノ粒子：ＰＭ２・５の１００分の１ほど小さい）が、妊娠中の母親マウスの胎盤をすり抜けて、発達途上の胎仔マウスの大脳皮質の末梢血管に届き、その細胞に異変を起こすことや、生まれた子マウスの行動に影響を及ぼすことを明らかにしました。

また、米国のロチェスター大学では、生後早い時期のマウスを超微粒子にばく露させると、ヒトのＡＳＤや統合失調症を暗示する脳の変化を引き起こすことを実証しました。

とりわけ、ばく露したオスマウスの脳は、脳室が拡大したとされています。ヒトでも、超微粒子が世代を超えて脳を侵す可能性があるのです。

空気汚染の問題は、戸外の空気ばかりではありません。室内の空気が化学物質によって、戸外の何倍も汚染されているケースもあるのです。

殺虫剤や建築資材など室内汚染物質にも注意

米国環境保護庁（ＥＰＡ）は環境リスク要因のトップ５に、室内の空気汚染をあげています。１日の大半を過ごす室内の空気が汚染されていると、それをつねに吸い込むことになります。空気中の微粒子は、血流に乗って全身の組織に届き、おなかの中の胎児にも到達します。

タバコの煙もその一つです。また、新築の家なら床下に散布するシロアリ駆除剤や、建築資材に使われるさまざまな揮発性有機汚染物質（ＶＯＣ）が、部屋の空気に染み出てきます。

新しい家具や電気製品などからも、表面加工剤や難燃剤などが揮発します。室内で殺虫剤を使用するのも危険です。

2002年に建築基準法が改正され、シックハウス症候群の原因となるVOC13種について、室内濃度指針値が設定されました。ただし、ホルムアルデヒドはよく知られていますが、法改正後に出回った新規化学物質などは指針値の対象になっておらず、規制が十分とは到底いえません。

マスクや空気清浄機を使ってばく露対策を

子どもの脳が発達する大切な時期に、汚染された空気にばく露しないほうがよいといわれても、簡単に引っ越しはできません。

しかし、妊婦が幹線道路などに出るときにはマスクをするなど、簡単なことでも汚染物質のばく露を多少は減らすことができます。室内環境が悪い場所では、空気清浄機を使用するのも一つの対処法です。

何よりも、長い時間を過ごす室内に、殺虫剤や消臭剤などの化学物質を必要以上に持ち込まないようにしましょう。

〔1〕ASD＝Autistic Spectrum Disorder
〔2〕黒田洋一郎・木村-黒田純子著『発達障害の原因と発症メカニズム』（河出書房新社、2014年）
〔3〕Arnold C et al. Environ Health Perspect 2015. Potera C et al. Environ Health Perspect 2014. Volk HE et al. JAMA Psychiatry 2013.

2 ある日突然、免疫系が壊れて難病に

とくに女性に多い自己免疫疾患

2012年、日本語訳された書籍『免疫の反逆――自己免疫疾患はなぜ急増しているか』（石山鈴子訳、ダイヤモンド社）が、日本でも注目されました。

著者はギランバレー症候群（日本では難病に指定）という自己免疫疾患にかかり、わずか数日で体が完全に麻痺して歩けなくなったドナ・ジャクソン・ナカザワ。幼い子どもを抱えて入退院を繰り返すなかで、いまだ謎だらけのこの病気に関する膨大な資料を集めて、化学物質との相関関係に迫った話題作です。

今、この自己免疫疾患という病気が、私たちの身近なところで広がっています。

原因は十中八九環境中の毒性化学物質

花粉症や食物などのアレルギーは、特定の抗原に対して過剰に免疫機能が反応することによって起こる疾患です。

一方、自己免疫疾患という病気は、そもそも有害な異物を認識して攻撃・排除する役割をもつ免疫機能が、自分自身の正常な細胞や組織に対して過剰に反応し、攻撃を加えてしまう疾患の総称です。

米国ジョンズ・ホプキンス大学で自己免疫疾患の診断や治療にあたるダグラス・カー医師は、同書

で「免疫システムが自己免疫疾患のように壊滅的ともいえるミスを繰り返すのは十中八九、多くの環境毒物、免疫システムと体のほかの部分とのコミュニケーションを阻害する毒性化学物質のせいである」と言及しています。

しかし、日本の専門家はこれらの病気と環境毒物との関連について、ほとんど指摘していません。

自己免疫疾患には多発性硬化症、1型糖尿病、関節リウマチ、強皮症、全身性エリテマトーデス（別名「ループス」）、潰瘍《かいよう》性大腸炎、クローン病など、約80種類もあります（次のページ図参照）。名称がさまざまなので異なった疾患に見えますが、いずれも自分で自分を攻撃してしまう免疫反応の異常が潜んでいます。

共通する症状には、手足に力が入らなくなる筋力低下などがあり、ひどいときには全身の運動麻痺やいろいろな臓器の炎症を引き起こします。

前述した書籍『免疫の反逆』の第3章には、有害廃棄物の処分場がある米国ニューヨーク州バッファロー市の一角で、住民に全身性エリテマトーデスが多発したことが紹介されています。

全身性エリテマトーデスは、膠原《こうげん》病のなかの代表的な病気です。免疫細胞がありとあらゆる臓器や組織を攻撃し、激しい痛みや炎症を引き起こして細胞にダメージを与えます。慢性症状から、一夜にして生命に関わる危険な状態に悪化するケースもある恐ろしい病です。

日本では関節リウマチの子どもが1万人に

自己免疫疾患の発症率は、先進諸国で過去40年間に2〜3倍に増加。米国では09年時点で約

●こんなにある自己免疫疾患

脱力感・筋肉痛・関節痛・
手足のしびれ・
上下肢の運動麻痺
多発性硬化症

手足に力が入らない
筋肉を動かす運動神経に障害
ギランバレー症候群

全身の皮膚が硬くなる
強皮症

全身の関節のはれや痛み・
紫斑・筋肉痛・筋力低下・
目や神経・血管の炎症
悪性関節リウマチ

全身の臓器に原因不明の
炎症・発熱・疲労感
全身性エリテマトーデス

口腔から肛門までの
全消化器官に原因不明の炎症
クローン病

大腸の粘膜に潰瘍やびらん・
原因不明の炎症
潰瘍《かいよう》性大腸炎

●年ねん増える自己免疫疾患の患者　特定疾患医療受給者証所持者数

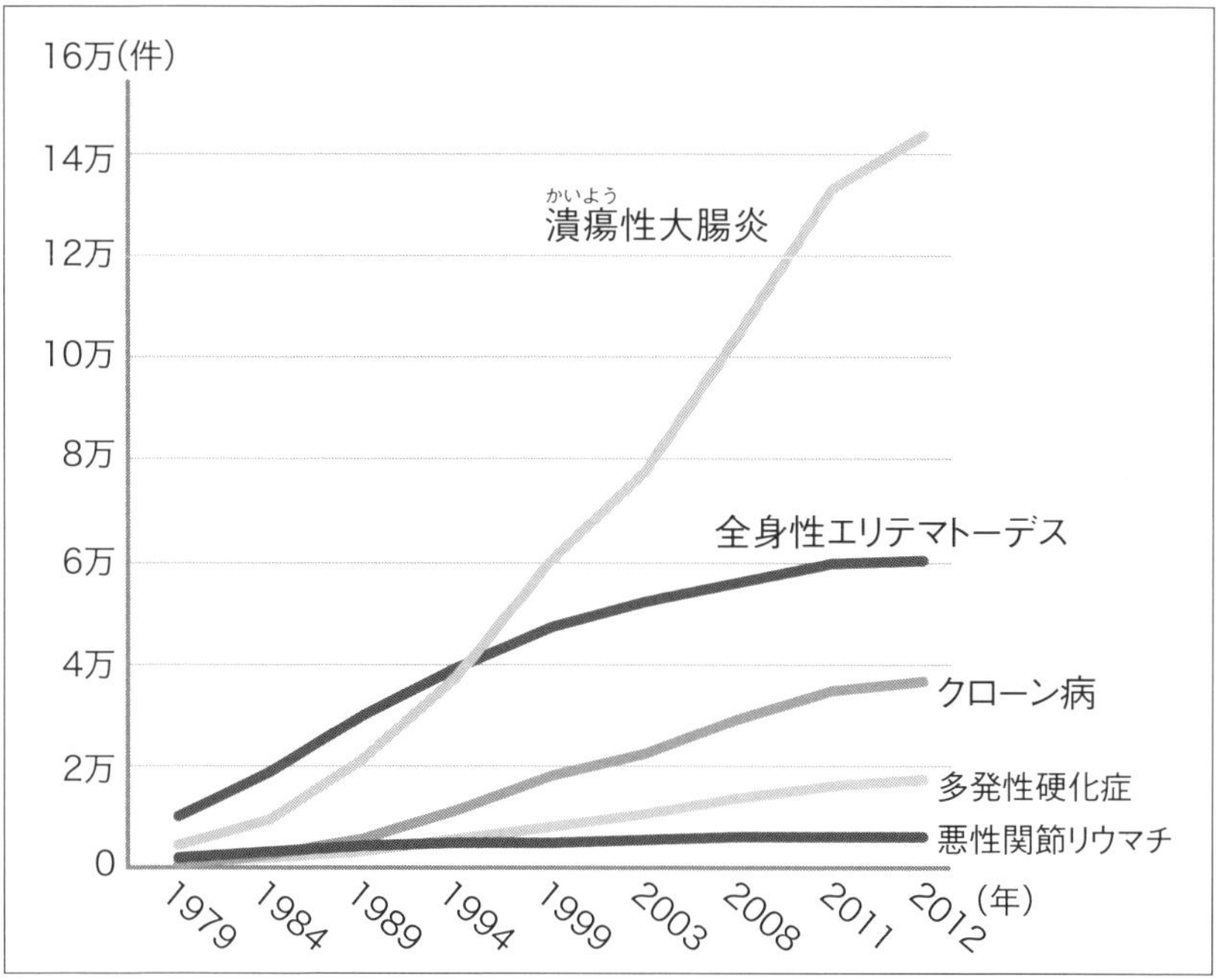

出典：難病情報センター統計より作成

２２３０万人、国民の12人に１人、女性の９人に１人が発症しています。

原因は不明ですが、米国立衛生研究所（ＮＩＨ）が05年にまとめた報告書「自己免疫疾患研究の進歩」では、双子の研究から、原因は不明でも、発症リスクのうち３分の２ぐらいは環境要因が関連しており、遺伝的リスクは少ないことが確認されています。また、腸疾患を除くと、女性の患者が圧倒的に多く、ホルモンの関与も疑われています。

日本では難病（医療費助成対象疾病の指定難病）に指定されている３０６余の疾患のなかに、多くの自己免疫疾患が含まれています。上の図は比較的よく知られている自己免疫疾患の患者数の推移を示したグラフで、潰瘍性大腸炎の患者数は最近30年で約36倍、多発性硬化症は約18倍、全身性エリテマトーデスは約6倍に増えています。

「リウマチ熱」「アレルギー性紫斑病」など、子どもの自己免疫疾患も増えています。また、朝から関節がこわばり、動いたり運動するのを嫌がるが、午後には良くなるという子どもの疾患「若年性関節リウマチ」も、日本に約1万人の患者がいます。

今、大事なことは、これら現代病の根源には、何万という化学物質があるかもしれないと考え、身の回りの環境に気をつけて暮らすことです。

3 原因不明の病気、それは環境病？

免疫力低下、慢性疲労、うつなど症状が複雑に重なり合う

「身の回りの環境や製品などに含まれる化学物質や食品など、あらゆるものにアレルギー反応を示す」、あるいは「筋肉の痛みや慢性的な倦怠《けんたい》感、うつなど精神疾患を伴い、多臓器に及ぶ異常が続く」など、これまでの一般的な病気には該当しない多様な症状で悩む人が増えています。最近海外では、これらの症状を広く環境由来の疾患という意味で「環境病〔1〕」と呼んでいます（次のページ図参照）。

日本では、新築の家に住み始めて目がチカチカし、頭痛やめまいで体調を崩す「シックハウス症候群」の症状に代表される「化学物質過敏症（CS）」が2009年、厚生労働省によって正式に認められ、カルテなどに記載できる病名になりました。これも環境病の一つです。

化学物質と関連した環境病先進国ほど多い

ひと昔前は、化学物質の被害といえば公害病でした。たとえば、有機水銀中毒の水俣病（1953年〜）、森永ヒ素ミルク中毒事件（55年）、PCB（ポリ塩化ビフェニル化合物）やダイオキシンが誤って食用油に混入したカネミ油症事件（68年）など、甚大な被害を引き起こした公害病は、特定の原因化学物質が明らかにされています。

●環境病は子どもだけでなくおとなにも

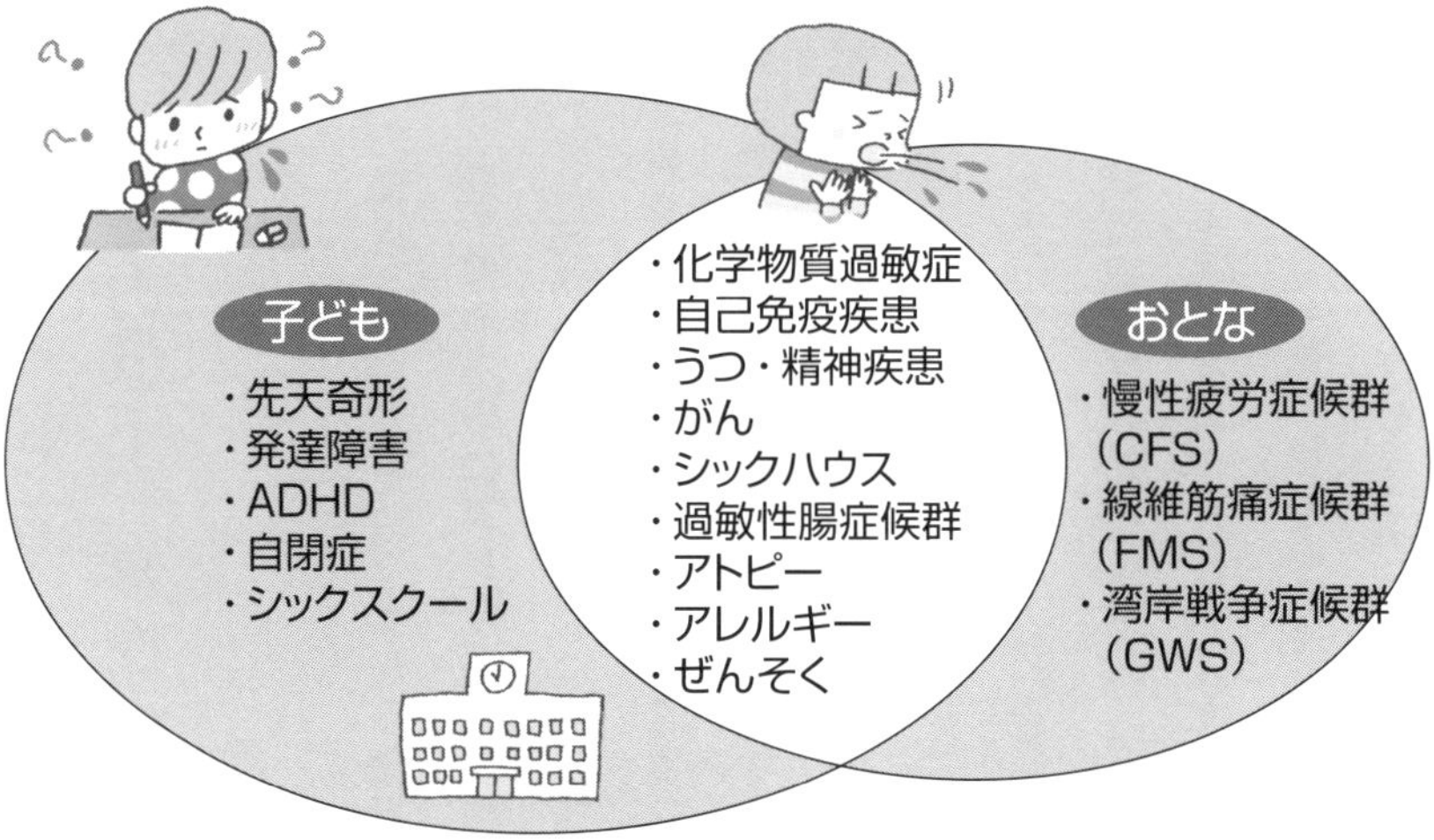

それから半世紀余り経過した現在、環境中に存在する化学物質の数は、10万種類ともいわれています。原因物質は特定できませんが、何らかの化学物質が関連していると考えざるを得ない病気が増えているのです。

先進国といわれる国ほど、昔はなかった新しいタイプの病気が増加しています。上の図に示した症候群や病気は、化学物質との関連が少なからず疑われる環境病の例で、今後も増えることが予測されます。

免疫系、神経系、ホルモン系体の中では密接に関連

近年、増えている子どもの病気には、ぜんそくやアトピー、花粉症などに加えて、化学物質過敏症があります。

ひどい牛乳アレルギーがあり、頭痛もち、慢性疲

労を抱えて、記憶力や思考力が低下し、いつも湿疹に悩み、情緒が不安定で、あらゆる化学物質に反応する――そんな複雑な症状に悩む子どもも珍しくありません。アレルギーやぜんそくなどは典型的な免疫疾患ですが、最近は免疫機能そのものが異常になる「自己免疫疾患」という疾患群が増えているのです。

化学物質が免疫系に悪影響を及ぼすことを紹介してきましたが、体の中では免疫系も神経系もホルモン系も密接に関連しており、最近増えている精神疾患、発達障害（ADHDや自閉症など）と化学物質の関連も疑われています。

環境病の一つと考えられている病気に、腹痛や下痢、便秘などを長期間繰り返す過敏性腸症候群（IBS）、全身のいたるところが激しい痛みに襲われる線維筋痛症候群（FMS）、つねに疲労と倦怠感に悩まされ、怠け病と誤解されることがある慢性疲労症候群（CFS）、多発性化学物質過敏症（MCS）などがあります。これらの「症候群（シンドローム）」と呼ばれる環境由来の疾患は、さまざまな症状が複雑に重なり合っています。

予防は過去から学び教訓にすること

その一つ、線維筋痛症候群は日本ではあまり知られていませんが、ベトナム戦争の帰還兵に全身の痛みを訴える兵士が多発したことから注目されました。

60年代以降には日本でも、多種類の農薬を生産する農薬製剤工場の周辺で、全身に強い痛みを訴えるなどの被害者が出た「三西化学農薬被害事件（福岡県久留米市）」があります。

これらの環境に由来する病気の多くは、はっきりと原因を究明することが不可能です。だからこそ、過去の公害病などから、高濃度に特定の化学物質を浴びた人たちの体に何が起きたかを学ぶことが大切なのです。

〔1〕 Environmental Illness

〔参考資料〕
水野玲子「『環境病』への新しい研究視角」「原因不明の『症候群』に環境病の疑いを」（専門誌『公衆衛生』、２００４年掲載）

6章

環境ホルモン最前線

1

野生生物だけでなく、人間もメス化
世界は「環境ホルモン」に警鐘を鳴らす

環境ホルモンとは、体の中のホルモンの働きを狂わせてしまう「外因性内分泌かく乱物質」のことです。多くは女性ホルモン様作用をもち、さまざまな生殖異常を引き起こします。

環境ホルモンが注目された2000年前後に、「このままでは私たち人類も精子数が減少し、不妊が増え、オスはメス化して滅亡する」と、危機感が広がったことを覚えていますか。あの危機感は単なる思い過ごしだったのでしょうか。

日本ではこの問題はすっかり忘れられましたが、欧米ではますます研究がすすみ、12年、世界保健機関（WHO）と国連環境計画（UNEP）は、環境ホルモンに関する最新の知見をまとめた報告書を出しました〔1〕。

野生生物に現れたさまざまな生殖異変

米国のコルボーン博士の名著『奪われし未来』（長尾力訳、翔泳社）によって、野生生物に起きたさまざまな生殖影響が、世界中に知れわたりました。

ふ化しないワニやカモメの卵、子を生まないアザラシ、フロリダではワニがメス化してペニスが短くなり、ピューマは男性ホルモン不足で起きる停留精巣（出生時の精巣の下降が不完全な状態）が多く発見されました。また、日本周辺の海域に生息する巻貝「イボニシ」にメスのオス化（インポセックス）が見られ、魚の雌雄同体なども数多く発見。実験室の中でも、環境ホルモンにばく露したマウスの精子数減少が確認されました。

●増え続ける男子の尿道下裂（出生１万人対）

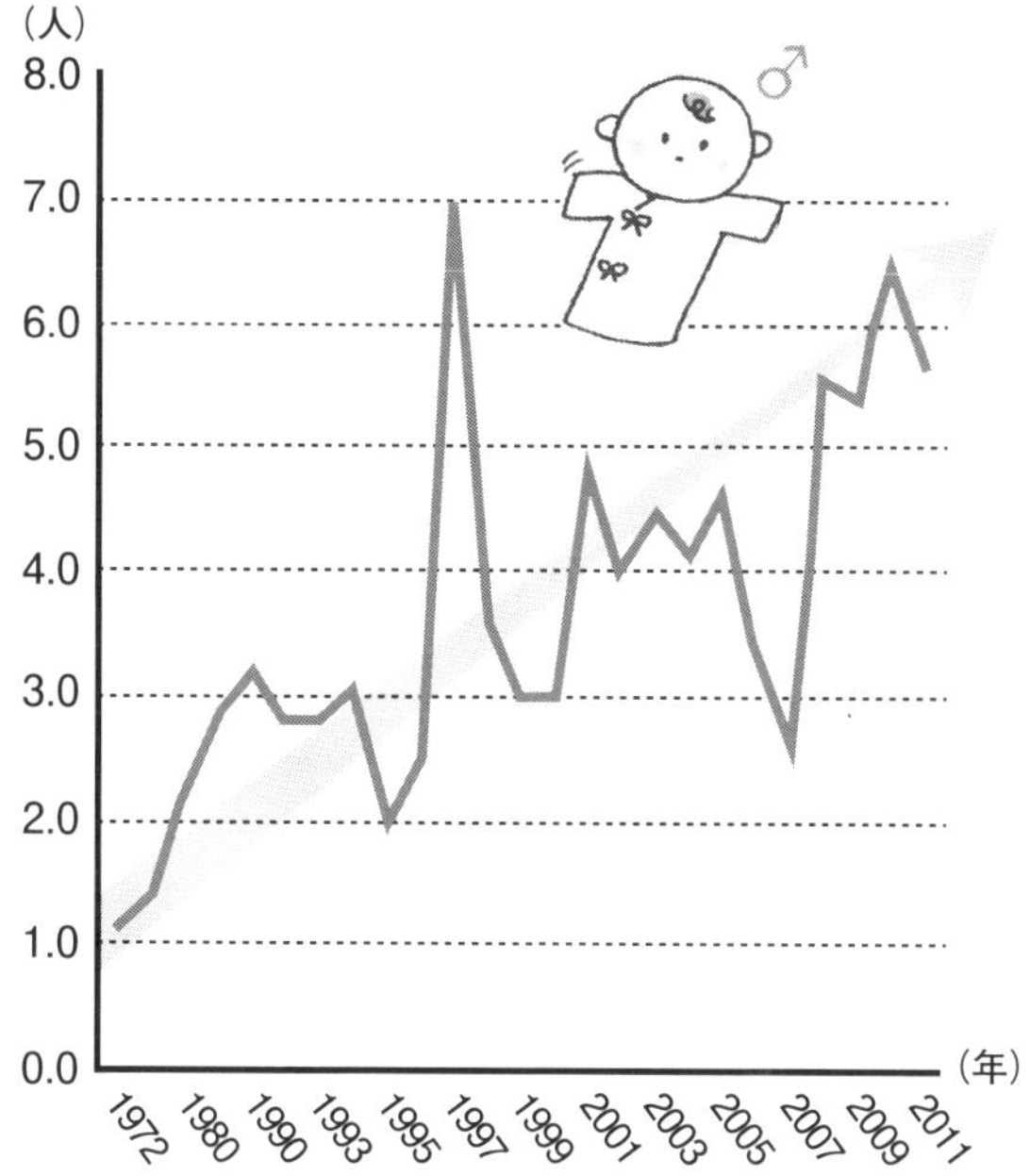

出典：日本産婦人科学会・横浜市立大学先天異常モニタリングセンターによる調査

先進諸国で増える男児の先天異常

人間では、母親の子宮内の女性ホルモン物質が多くなり、男性ホルモンが不足すると、胎児期の男児の成長が妨げられ、先天異常が起こります。

欧米諸国では出生時の男児に停留精巣が増え続けています。とくに、デンマークではその発生率が50年前と比べて9倍になりました。

尿道下裂〔2〕も欧米で増加し、デンマークでは40年前と比べて2倍超に、日本でも40年前と比べて、5倍にまで激増しています（上の図参照）。このことからも現代の妊婦の子宮内には、女性ホルモン様作用をもつ環境ホルモン物質があふれているのは確かでしょう。

男性ホルモンを阻害する農薬日本で大量に使用

98年に環境省が環境ホルモン物質を特定したさい、67物質の約半数が農薬でした。日本で使われている農薬には、女性ホルモン様作用を増幅させたり、男性ホルモン作用を阻害する（抗男性ホルモン）物質が多いのです。

14年11月、環境ホルモン研究の世界的権威である英国・ブルネル大学のコルテンカンプ博士が来日し、講演しました。欧州で広く使用されている農薬のトップ50成分のうち約4割には、男性ホルモンの働きを阻害する作用があるという衝撃的な内容〔3〕でした。日本ではそれらの農薬を、世界でも類を見ないほど大量に使用しているのです。

子宮内での男児死産が70年代半ば以降に増加

多くの人は、「日本でも男性が女性化している」といわれたら、「科学的根拠は？」と反論するでしょう。しかし、前述したようにメス化を示す男児の先天異常が、世界的に増加しているのは事実です。

また、日本では子宮内での男児の死産が70年代半ば以降に増加。現在、女児の2倍を超えています〔4〕。

最近、恋愛に「縁がない」わけではないのに「積極的」ではない、「恋愛感情は抱くが性的感情が弱い男性」、男らしくない「草食系男子」が増えているといわれます。

驚いたことに、日本人が書いた草食系男子に関する本が、09～12年、『Japan Times』やロイター通信、エコノミスト誌など海外のメディアで大きく取りあげられました。

米国マサチューセッツ州ボストン在住の男性の調査によれば、最近20年間〔5〕で若い男性の男性ホルモン濃度は1年に約1％低下しているとのことで、少しずつ男性が女性化している可能性は、信ぴょう性を帯びてきました。そして、その原因は生活のなかの環境ホルモンである可能性が大きいのです。

対策は農薬や化学物質の使用を減らすこと

対策はまず第一に、男性ホルモン作用を阻害する農薬や、生活空間にある環境ホルモンを減らすことです。

個人の使用と同時に、あなたの住んでいる地域や自治体にも、不必要な農薬や化学物質の使用を減らすように働きかけてください。それは、日本人全体が安心して健康に暮らすことにつながるはずです。

〔1〕WHO／UNEP：State of Science of Endocrine Disrupting Chemicals 2012（内分泌かく乱化学物質の科学の現状 2011年度版）
〔2〕男児のペニスの形態異常で、尿の出口が先端まで届かず、手前で出口が開いている先天異常
〔3〕ダイオキシン・環境ホルモン対策国民会議：ニュースレターVol．90（2014年）
〔4〕日本で死産の男女比（R.Mizuno ,Lancet, 2000）
〔5〕1987年～2004年の20年間。Travison TG et al. Endoc.Metabo 2007.

2 先進諸国で急増する発達障害

減らしたい胎児や乳幼児の化学物質ばく露

近年、落ちつきがなく集中できない、他人とコミュニケーションがうまくとれない、集団作業や集団行動が難しく衝動を抑えるのが困難など、発達障害の子どもが増えており、２０１６年の文部科学省の報告では、発達障害と診断された子ども、または疑いのある子どもが全児童・生徒の約1割にのぼりました。20年前の約2倍です。

なぜ、脳の発達に問題のある子どもが増えているのでしょうか。その原因として日本では、高齢出産、子どもへの虐待やネグレクト（育児放棄）、インターネットやゲームの影響などの問題が指摘されてきました。しかし、欧米で現在もっとも注目されているのは、有害な人工化学物質の影響です（次のページ図参照）。

米国では妊娠中の農薬のばく露に警鐘

12年、アメリカの小児科学会が「子どもの脳や健康を守るために、農薬ばく露を減らすべきである」とする声明〔1〕を発表しました。農薬が子どもの脳神経に与える影響についての科学的証拠が蓄積したからです。

また、15年には国際産婦人科学会が意見書「妊婦の有害物質ばく露の低減に向けて〔2〕」のなかで、「過

●発達障害のさまざまな要因
有害物質は子宮内で胎児の脳・神経発達に悪影響を与える

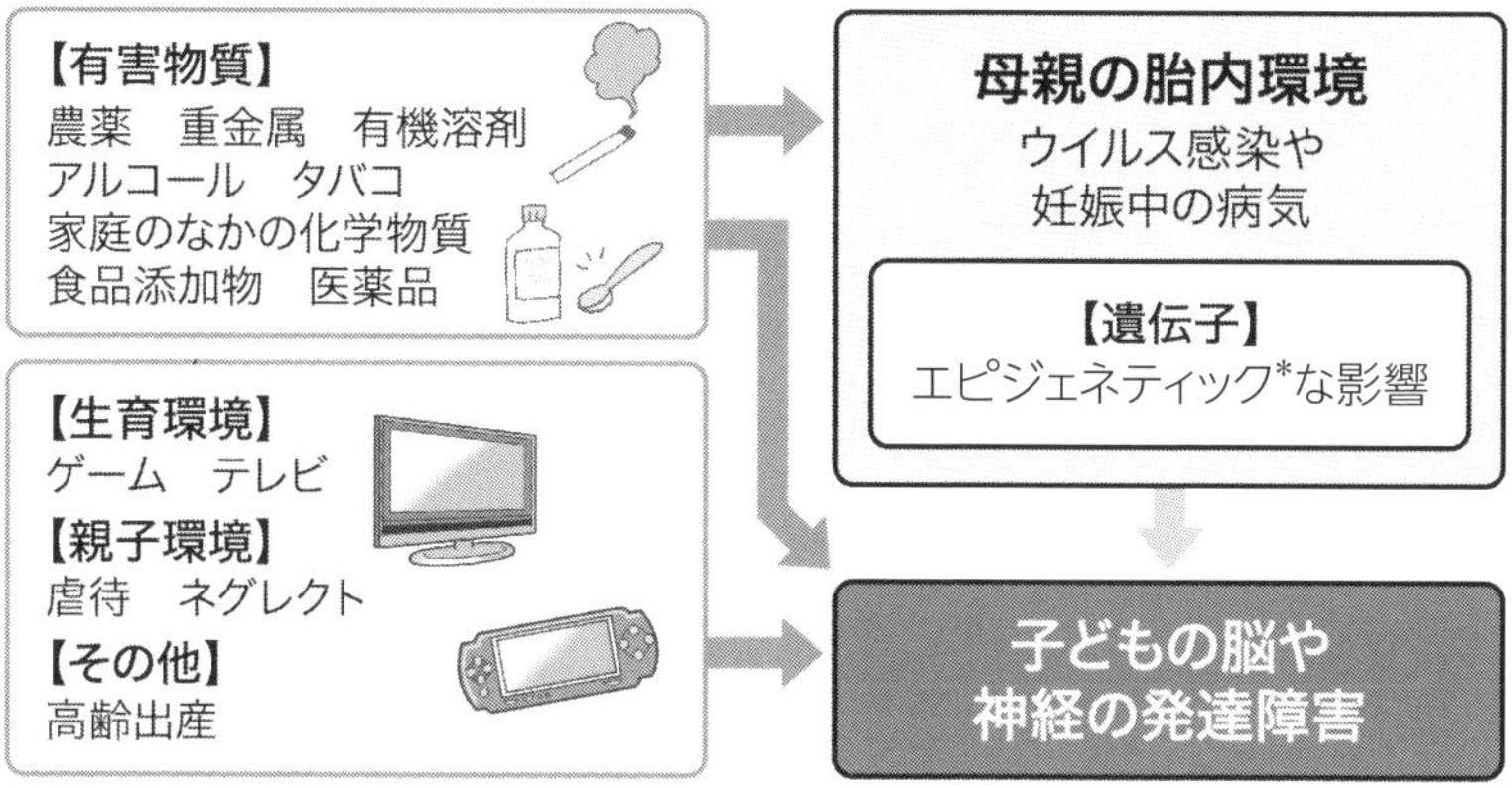

*有害物質の影響で遺伝子発現のオン・オフに変化が起こると、一卵性双生児でも病気の発症リスクが変わる場合がある（6章5参照）

去40年間における有害化学物質のばく露の増加が、ヒトの健康を脅かしている」と警鐘を鳴らしました。同学会が子どもの発達・行動異常を減らすために、妊娠中の有害物質のばく露を減らして、胎児の脳を守る必要性を強調したのは初めてです。妊娠中から母親が気をつけていれば、子どもが浴びる化学物質の量を減らすことができるからです。

何百もの有害な化学物質の複合体にさらされている

「人工化学物質」と聞くと、水俣病の有機水銀やアスベスト被害などの公害を思い出す人が多いかもしれませんが、今日《こんにち》の状況はまったく違います。現代社会には、すでに10万種類以上の化学物質が出回っており、毎年新たに1000種類もの化学物質が増えているのです。

私たちは、毒性試験などで安全性が証明された化学物質しか許可されていないと思っていますが、化学物質の種類が多過ぎて、安全性の確認が間に合わないのが実情です。しかも、子どもの発達への影響を調べる「発達神経毒性試験」がおこなわれた化学物質は、ほんのわずかです。

つまり、私たちはつねに何十、何百もの有害な人工化学物質の複合体にさらされ、それらが知らないうちに体内に入ってきているのです。

羊水から柔軟剤のにおい？胎児期から始まる汚染

人工化学物質はどのようにして、私たちの体内に入るのでしょうか。食べものに農薬や食品添加物が使われていれば、口から体内に入ります。汚染された空気を吸えば、有害物質が肺から血流に乗って全身を回ります。

化粧品や合成洗剤、入浴製品、ヘアカラーや制汗剤などを使用すれば、皮膚から体内に有害物質（経皮毒）が染み込みます。

妊婦が使用すれば、製品のなかのパラベン（防腐剤）やフタル酸エステル類（クリームを滑らかにする）などの有害物質が、胎盤をすり抜けて胎児の脳にまで届く恐れがあります。

米国の環境市民団体（ＥＷＧ）が赤ちゃんのへその緒の化学物質について調査した結果〔3〕、今日《こんにち》の子どもたちは、生まれたときからすでに２００種類以上の有害化学物質に汚染されていることが明らかになりました。

日本でも最近、「出産時に羊水からシャンプーや柔軟剤のにおいがした」という産婦人科医師の声が聞かれるようになっています。

●子どもの発達に影響する主な有害物質

有害物質名	神経発達への影響
水銀	学習障害、注意力低下、運動機能障害、視覚・精神障害
アルミニウム	認知機能低下、行動異常
ピレスロイド系農薬	多動性
有機リン系農薬	ADHD、発達の遅れ、多動性、行動異常
ニコチン	学習障害、認知機能の低下、多動性
有機フッ素化合物	多動性、IQ低下
フタル酸エステル	ADHD、IQ低下、男児の行動変化
ビスフェノールA	攻撃性、感情抑制低下
ダイオキシン	学習障害、多動性
臭素系難燃剤	IQ低下、行動異常、学習障害

出典：In Harm's Way-Toxic Threats to Child Development, 2000より一部抜粋

取り返しがつかない損傷 成人になっても続く

海外では、子どもの発達に影響する化学物質の研究がすすめられています。欧米の研究では、上の表で示したように身近な製品に含まれる有害物質が子どものIQ低下や多動性、学習能力や認知機能などに影響することがわかってきました。

こうした人工化学物質の危険性と子どもの脳神経への影響を研究する第一人者で、ハーバード大学のF・グランジャン博士は、国際的に権威ある医学誌に「沈黙の疫病（Silent Pandemic）」が音もなく忍び寄って、子どもの脳や神経の発達に障害をもたらしているという論文「有害物質の発達神経毒性」（06、14年〔4〕）を発表しました。

博士は、世界的に急増している自閉症や注意欠如

多動性障害（ＡＤＨＤ）などは、人工化学物質が子どもの脳を傷つけている結果であると指摘し、警告を発しています。

とくに胎児期や乳幼児期に環境中の有害物質に超微量でもさらされると、発達途上の脳はきわめて脆《ぜい》弱《じゃく》なので、取り返しがつかない損傷を受けやすく、成人になってもその影響が続くと強調しています。そして、成人なら何の影響もないレベル（ｐｐｔ＝１兆分の１程度）でも、胎児や乳幼児には甚大な被害をもたらす恐れがあると、警告しています。

博士は、ヒトに対して神経毒となる有害物質を２０２種特定し、その後、有機フッ素化合物など６種類を追加しました。大切な子どもの脳を有害物質から守れるのは、私たちおとなしかいないのです。

〔１〕米国小児科学会（ＡＡＰ）Technical Report 2012/11/26.
〔２〕国際婦人科連合（Ｆ－ＧＯ）Prevent Toxic Chemical Exposures 2015
〔３〕Environmental Working Group(EWG) ２００９年調査
〔４〕Grandjean P, Landrigen P. Lancet 2006, 2014.

3 子どもに増える「性同一性障害」

文科省が学校に「きめ細かな対応を」と通達

NHKの報道番組「クローズアップ現代」が2014年12月9日、日本の子どもの「性同一性障害」(GID)を特集し、反響を呼びました。今、教育の現場は、体の性と心の性が一致しない「性同一性障害」の子どもの対応に揺れています。

「性に違和感」小・中・高校生600人以上

体の性は男の子なのに心は女の子、またはその反対で悩む子どもたち。文部科学省は14年初めに、自分の性に違和感を訴える子どもと学校の対応について調査し、結果を公表しました。全国の小・中学校と高校で「性同一性障害」とみられる児童・生徒は606人いました[1]。専門医には、そうした子どもをもつ保護者からの相談が急増しています。本人だけでなく親も悩んでいるのです。

しかし、同様の現象は日本だけではありません。15年4月、イギリスの公共放送局BBCが、同国で10歳以下の子どもに性同一性障害が増えている問題を、大きく取りあげました。

脳の性分化を妨げる環境ホルモン

そもそも、男性、女性の性差はいつごろできるのでしょうか。生まれる前の受精卵の段階で、X染色体のほかにY染色体をもっていれば、人は男性になりますが、受精後7週までは男女差はありません。8週目に入ると、Y染色体をもつ男の子は精巣か

●環境ホルモンは子どもの脳の性分化にも影響

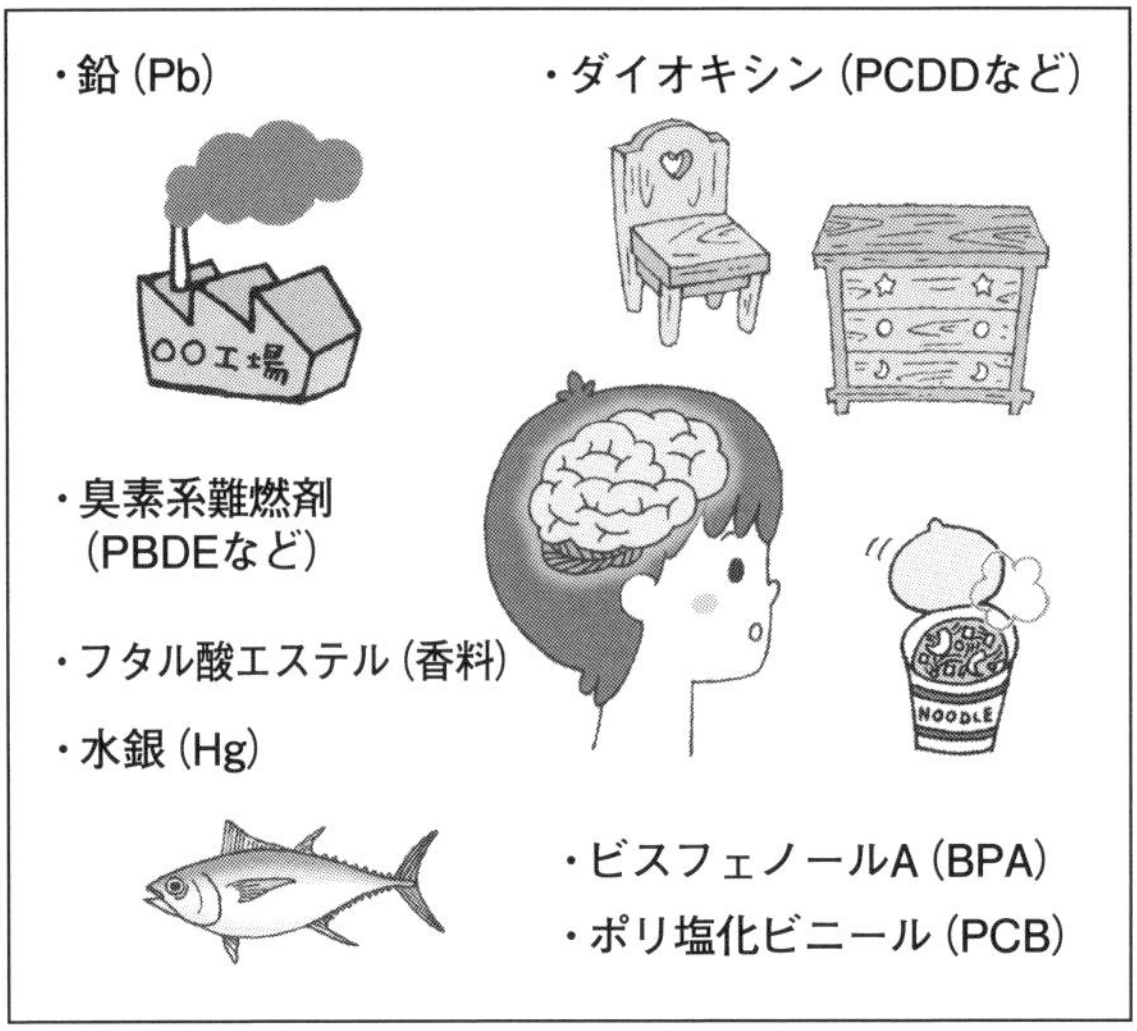

出典：小冊子「環境ホルモン最新事情　赤ちゃんが危ない」（NPO法人ダイオキシン・環境ホルモン対策国民会議、2015年）より

ら分泌される男性ホルモン（テストステロン）の影響を受けて男性化が始まり、その後に精巣などの外性器ができます。

　体の男性化とともに、脳の男性化も重要です。男性の脳は、胎児期の男性ホルモンの強さで決定されます。脳の性分化の時期（20週目以降）に、しっかりと男性ホルモンの影響を受けないと、男性の脳にはならないのです。さらに、生後2週間から6カ月の間は脳の神経細胞が急速に発達し、シナプス形成がおこなわれる大切な時期です。

　成長にとって大切なこの時期に、性ホルモンの強い影響を受けることで、男性・女性それぞれの脳や性指向のパターンができあがります。ところが、体の外から環境ホルモンが入ってくると、脳の男性化が妨げられます。女性の場合も、影響を受ける可能性があります（上の図参照）。

妊娠中の母親のストレスが性指向に影響与える可能性も

マウスなどを使った動物実験では、脳の性分化の時期に男性ホルモン欠乏状態におかれたオスのラットは、成長後に同性のオスに対して、メスに対するのと同じような性的反応を示したとされています。

別の研究では、国が安全とするレベル以下のビスフェノールA（環境ホルモンの一種。詳しくは2章）でも、ラットの脳のオス・メスの性差と性指向に影響が表れました。

また、出生前に強度のストレスにさらされた母親のラットから生まれたオスは、成熟後に同性愛的性行動が見られました。このことは、人間でも母親が妊娠中に何らかの強いストレスを受けたり環境ホルモンを浴びると、子どもの性的指向が変化する可能性を示しています。

学校での服装やトイレなど性的マイノリティーに配慮

それでは、現実に性別の違和感をもった子どもに寄り添う体制は、私たちの社会にできているのでしょうか。

15年4月、文科省は通達「性同一性障害に係る児童生徒に対するきめ細かな対応の実施等について」を出しました（次のページ表参照）。「性的マイノリティー」とされる子どものトイレや服装などに、細やかな配慮を求める内容です。

また、日本精神神経学会は14年、「性同一化障害」の名称を「性的違和感」[2]に変更しました。「障害」というと「異常」、「病気」と診断することになり、当事者を支える視点が欠落してしまうためです。

相談窓口は、今はまだ専門医しかありませんが、性的違和感に悩む子どものための、身近な相談窓口も必要でしょう。

●性的違和感をもつ子どもに寄り添い細やかな配慮を

文部科学省通達（2015年4月）

服装	自認する性別の制服・衣服や体操着の着用を認める
髪型	標準より長い髪型を一定の範囲で認める（戸籍上男性）
更衣室	保健室・多目的トイレ等の利用を認める
トイレ	職員トイレ・多目的トイレの利用を認める
呼称の工夫	自認する性別として名簿上扱う

出典：「性同一性障害に係る児童生徒に対する学校における支援の事例」より一部抜粋

ホルモン剤使用の輸入牛肉 妊婦は控えて

予防策として、妊婦はホルモンを刺激する食べものの摂取をできる限り減らしましょう。米国産とオーストラリア産の牛肉には今も、成長を促進させるためのホルモン剤が使用されており、EU（欧州連合）は米国産牛肉の輸入を禁止しています。

ちなみに、日本は家畜へのホルモン剤の使用を禁止しており、許可しているのは家畜の繁殖障害の改善、人工授精のタイミング調整のみです。また、生活用品や化粧品には女性ホルモン様作用のある物質が含まれていることがあるので、注意が必要です。

〔1〕文科省は調査について、「学校が把握している事例を任意で回答したもの。児童・生徒が望まない場合は回答を求めていないため、実数を反映したものではない」としている

〔2〕「性同一性障害」Gender Identity Disorder から「性的違和感」Gender dysphoria に変更

4 年々早まる乳房の発達や月経

米国産牛肉や乳製品の過剰摂取、プラスチックに注意

もし、小学校低学年のわが子の乳房が膨らみ始め、10歳前に月経が始まったら……。

１９６０年代初め、日本の女子の初潮年齢は13歳くらいが平均的でした。しかし30年後の92年には平均12歳6カ月になり、現在は12歳2カ月ほどに早まっています（次のページ図参照）。

成長の急激な進行は性ホルモン異常の病気

多くの先進国で、月経の低年齢化がすすんでいます。「栄養状態が改善されれば成熟が早まるのは当然」との指摘もありますが、医学的には「思春期早発症」と命名され、環境ホルモンの影響が疑われているため、気がかりです。

思春期早発症とは、男性ホルモンや女性ホルモンの分泌による第2次性徴(1)が、通常より2〜3年早く起こる病気です。女子は乳房が少し膨らむ時期が思春期の開始です。

日本小児内分泌学会は「乳房の発達が7歳6カ月より前に、月経開始が10歳6カ月より前に起こると、思春期早発症の可能性が高い」として、原因については「性ホルモンが早期に分泌されることで、成長のスパート（急激な進行）が起こる」と、説明しています。

●年々早まる日本の女子の初潮年齢

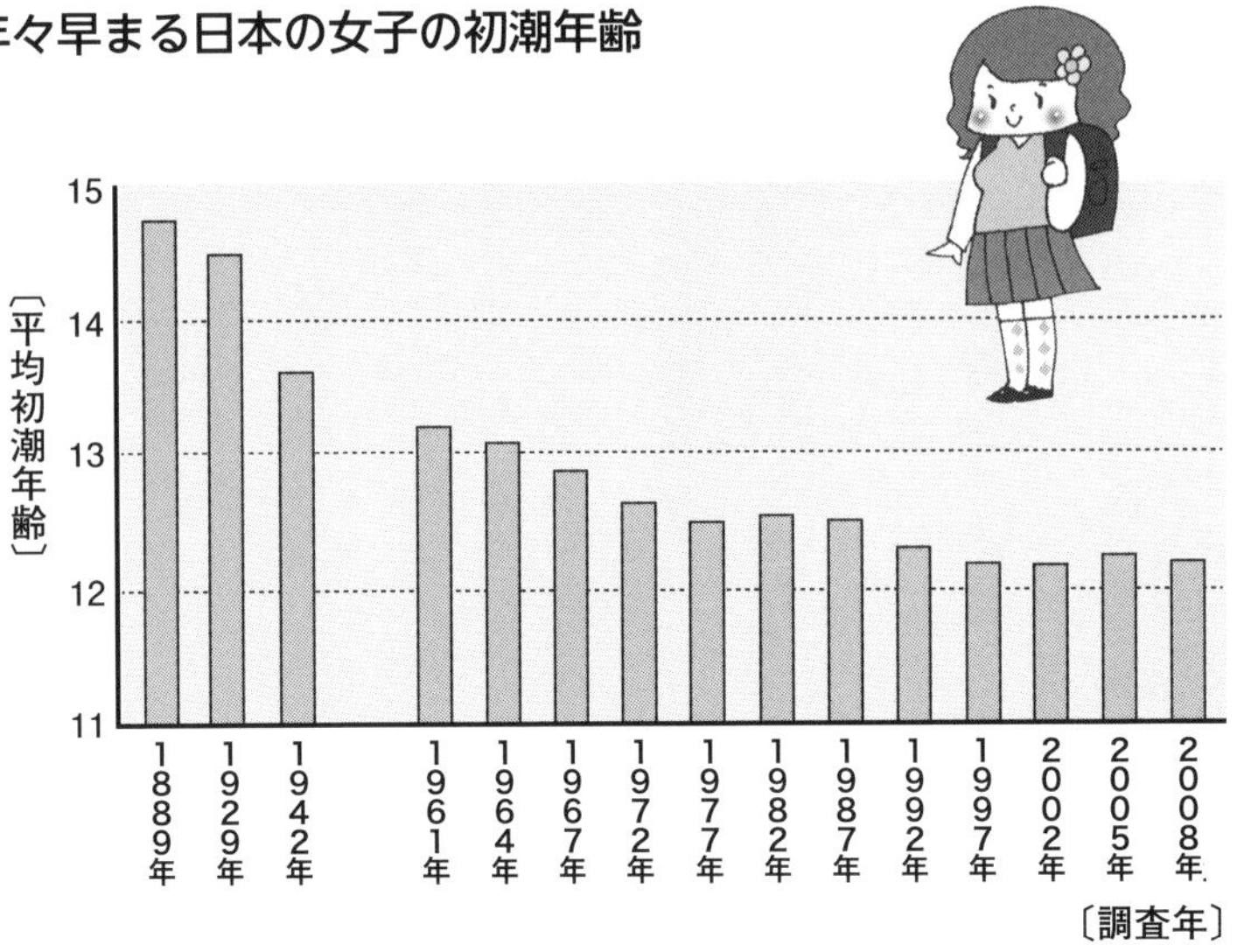

出典：2011年第13回全国初潮調査資料
（大阪大学大学院人間科学研究科・比較発達心理学教室）

がんの発症リスク 脳腫瘍の可能性も

思春期早発症の子どもは幼い年齢で乳房、陰毛、月経などが出現するため、本人や周囲が戸惑うなどの心理的、または社会的なストレスを抱えてしまいます。また、早期に体が完成するため、身長は一時的に伸びたあと伸びず、最終的な身長が低くなる問題もあります。

最近、それらのほかに問題とされているのは、おとなになってから乳がんや子宮がん、そして欧米で激増中の多のう胞性卵巣症候群（ＰＣＯＳ）のリスクが高まる可能性です。

脳から精巣や卵巣に命令を送る視床下部、下垂体が早く活動を開始してしまう原因として、まれですが、脳腫瘍などの病気が隠れていることもあります。

思春期の遅速に環境ホルモンが影響

マウス（小型のネズミ）やラット（大型のネズミ）にも思春期早発があります。これらの小動物は一般的にメスの場合、特定の感受性期に女性ホルモン様作用のある化学物質に敏感になります。人間の思春期開始に当たる膣開口の時期を経て、その後に発情期が現れて生殖の準備が整います。

しかし、メスマウスを環境ホルモン作用があるPCB（ポリ塩化ビフェニル化合物の総称）にばく露させると思春期が早く始まり、逆に鉛を浴びると遅くなるという実験結果が出ています。

つまり、ホルモンをかく乱する化学物質のばく露で、思春期が早まったり遅くなったりすることが、動物実験で実証されているのです。

砂糖の大量摂取やプラスチックも原因

ハーバード大学の研究者は女子5000人以上を調査した結果、15年4月に「砂糖入りの清涼飲料を大量に摂取している女子は、月経開始年齢が早まる」とする論文を発表。子どもの肥満が激増する米国で注目されました〔2〕。

同論文は、大量の砂糖を摂取するとホルモンの一つであるインシュリン値が急上昇し、連鎖的に性ホルモン濃度にも影響を及ぼす可能性があると指摘しています。

また、米国の週刊誌「ニューズウィーク」は「米国では8歳より前に乳房の発達が始まる女子が、90年代には5％以下だったが、現在は10％を超えている」と警告しました〔3〕。

●生活用品や食品に含まれる肥満を促進する化学物質の例

ビスフェノールA (BPA)	米国のハーバード大学の1000人の女性を対象にした実験で、尿中に高濃度のビスフェノールAが含まれる人はそうではない人より体重が増えやすくなる傾向にあることが判明。インスリン抵抗性を引き起こす可能性も指摘されている。
DDE (有機塩素系農薬DDTの分解物)	DDEは子どものBMI（肥満指数）*や実験動物のインスリン抵抗性を増加させる。農薬の多くが内分泌かく乱物質で、脂肪の蓄積を促進する。
抗生物質とホルモン	牛、豚、鶏などの家畜には飼育段階で抗生物質や成長ホルモンが使われることが多い。ニューヨーク大学の研究によると、免疫と関係しているT細胞を損なうだけでなく、肥満につながることがわかっている。「国際肥満ジャーナル」によると、ステロイド・ホルモンが使用された肉も肥満リスクを増加させる。
パーフルオロオクタン酸 (PFOS)	テフロン加工のフライパンや鍋に使われる化学物質。デンマークでおこなわれた調査では、妊娠中の母親の血液に多く含まれている場合、そうでない母親に比べて子どもが肥満体質になる可能性が3倍だった。

*計算式は体重(kg)÷身長(m)の2乗　　　（筆者作成）

その原因として、食品に含まれる肥満を促進する化学物質だけでなく、日々さらされている環境汚染物質、プラスチック製の生活用品に含まれるフタル酸エステル類など、環境ホルモンの影響も指摘しています（上の表参照）。

米国産牛肉や牛乳の過剰摂取に注意

108ページでも述べましたが、米国産の牛肉には女性ホルモン剤が、多いもので国産牛の600倍も含まれています。女性ホルモンを多く含む牛肉の摂取は、母親に異常が出なくても、胎児には影響する可能性があります。過剰な摂取は避けてください。

また、日本で市販されている牛乳についても、飲み過ぎに警鐘を鳴らす研究者がいます。現代の酪農システムでは、妊娠中の乳牛からも搾乳します。その牛乳に含まれる卵胞ホルモン（エストロゲン）と黄体ホルモン（プロゲステロン）は濃度が高く、牛乳を摂取したヒトにも作用する可能性があるというのです〔4〕。

内分泌（ホルモン）の病気には、思春期早発症のほかにも、身長が伸びない（低身長）、肥満ややせ過ぎ、甲状腺（首の前の部分）の機能異常など、さまざまな症状があります。

気になるお子さんは、早めに小児内科、または内分泌代謝外来を受診しましょう。

〔1〕第2次性徴：男女ともに骨（骨端線）が伸びて身長の発育量が最大になる時期
〔2〕US News Jan 28, 2015(Soda habit may prompt early puberty in girls, study suggests.)
〔3〕News Week. 2015.Feb6 Puberty comes earlier and earlier for girls
〔4〕佐藤章夫著『牛乳は子どもによくない』（ＰＨＰ新書、２０１４年）

5

胎児期の環境は成人後まで影響

増え続ける日本女性の低体重児出産に

「お母さんのおなかにいる9カ月が、いかにその後の人生を形づくるか」。国際英文雑誌『ＴＩＭＥ』の表紙を飾ったことばです（左写真）。

雑誌『ＴＩＭＥ』の表紙。
強調された胎児期の重要性

胎児期の環境がその後の病気の素因になるという成人病胎児期発症起源仮説（DOHaD《ドーハド》）が、世界で注目されています。

2014年11月、東京で開かれた「化学物質管理に関する国際市民セミナー」（主催「ダイオキシン・環境ホルモン対策国民会議」）での、米国カリフォルニア大学のブルース・ブルバーグ教授と早稲田大学の福岡秀興教授の講演から紹介します。

胎児期の低栄養や化学物質ばく露が遺伝子に影響

生物の特性を発現する単位「遺伝子（ジェネティッ

ク）」に対して、DNAの配列によらない遺伝子制御「エピジェネティクス」（後天的遺伝学）ということばがあります。

同じ遺伝子をもつ一卵性双生児でも、成長して片方だけが特定の病気になることがありますが、これに関係しているといわれているのが、エピジェネティクスです。

遺伝子はスイッチがONになったりOFFになったりして、遺伝子発現パターンが頻繁に変わります。しかし、胎児期のストレスや低栄養、化学物質など後天的要因により特定の遺伝子のスイッチがOFFになると、本来その遺伝子がもつ働きが機能しなくなってしまい、成人後に特定の病気を発症することがあるのです[1]。

つまり、胎児期の食生活、ストレスなどの環境が、おとなになってから患う病気に影響するというのが成人病胎児期発症起源仮説です。

環境ホルモンに肥満を促進する物質

成人病胎児期発症起源仮説は、第2次世界大戦中、ナチスドイツによって出入国が禁止され、食料事情がひっ迫したオランダで、母親による栄養不足によって低体重で生まれた人は、栄養不足でない母親から生まれた人と比べて、60歳を超えた時点で極端に高い確率で肥満や高血圧、糖尿病、統合失調症などを発症したことから、胎児期に受けた遺伝子の変化（倹約遺伝子[2]）が関連していると考えられ、提唱されました。

先進諸国で見られる肥満、高血圧、糖尿病などの激増の一因として、この仮説がクローズアップされたのです。

現在、米国人の約35％が、BMI（肥満指数）130超えの肥満状態（左写真）にあることから、ブルース・ブルバーグ教授は化学物質の影響に注目し、次のように述べています。

「化粧品や洗剤、食品包装などの身の回りの環境ホルモン物質には、肥満を促進する物質もあり、それらは脂肪の生成や体内への蓄積を不適切に刺激します。胎児期にこのような化学物質を浴びると、特定の遺伝子の働きが変化し、子や孫の世代まで脂肪細胞の肥大化や脂肪蓄積の増加が続く可能性もあります。環境中の化学物質をできる限り減らして、胎児期から子どもを守る予防的パラダイム（もののの見方や考え方）に転換していくべきです」

肥満のため歩けない米国の男性

妊娠中の食事制限指導再検討が必要

日本でも昨今、低体重児（2500g 未満）で生まれてくる子どもが増加しています。依然として「小さく産んで大きく育てる」のが良いとされ、妊娠中に太り過ぎないようにという指導も広くおこなわれています。

しかし、成人病胎児期発症起源仮説研究の第一人者である福岡秀興教授は、「やせている女性が低体重児を出産するケースが増加していますが、低体重で生まれた子どもは成人した後に、糖尿病や高血圧などの生活習慣病を発症する確率が高まる可能性があります」と述べて、やせ願望をもつ若い女性が多いことに警鐘を鳴らしています。

妊娠中におこなわれる食事制限の指導は、そろそろ考え直す必要があるのではないでしょうか。

〔1〕 放射能の影響下では、遺伝子のDNAが切断されたり配列変化が起きる。エピジェネティクスでは、このような遺伝子の構造的な変化がなくても、化学物質などによって遺伝子が化学的に変化して、発現（ON、OFF）パターンが大きく変わる

〔2〕 エネルギーを節約するように変異した遺伝子。飢餓のときには少量の栄養で生き延びられるようにこの遺伝子が働く。逆に食料が豊富になると肥満や糖尿病になりやすくなる。あまり食べないのに、太ってしまうという人の多くに関連する

6 先進諸国で増え続ける乳がん

化学物質、乳製品、農薬に女性ホルモン様作用

近年、先進諸国で乳がんが増加しており、米国では7人に1人が乳がんと診断されています。日本では2005年に女性の16人に1人だった乳がん患者が10年には12人に1人、7万6041人にのぼっています（次のページ図参照）。乳がんの発症を告白するタレントも注目されています。なぜ、これほどまで乳がんが増えているのでしょうか。

女性ホルモン様作用がある人工化学物質に注意

乳がんの原因としてはこれまで、遺伝や女性の年齢、ホルモン補充療法や早い初経、遅い閉経、飲酒、喫煙、中高年になってからの肥満など、さまざまなリスク要因が指摘されてきました。

それらのなかでも、乳房の発育を支配している女性ホルモン（エストロゲン）が、乳がんに深く関わっている可能性があります。しかし、日常生活のなかにある、女性ホルモン様作用をもつ化学物質は、これまであまり問題視されてきませんでした。

米国の団体「乳がん行動（Breast Cancer Action）」は、乳がんと環境との関連に関する科学的研究を検証した報告書『最新の証拠2010』をまとめました。

同報告書は、ホルモンの機能や遺伝子発現を変化させる可能性がある約10万種類の人工化学物質のほ

か、X線やCTスキャンなどによる放射線ばく露の危険性も指摘しています。

●乳がん罹患率の推移（女性）

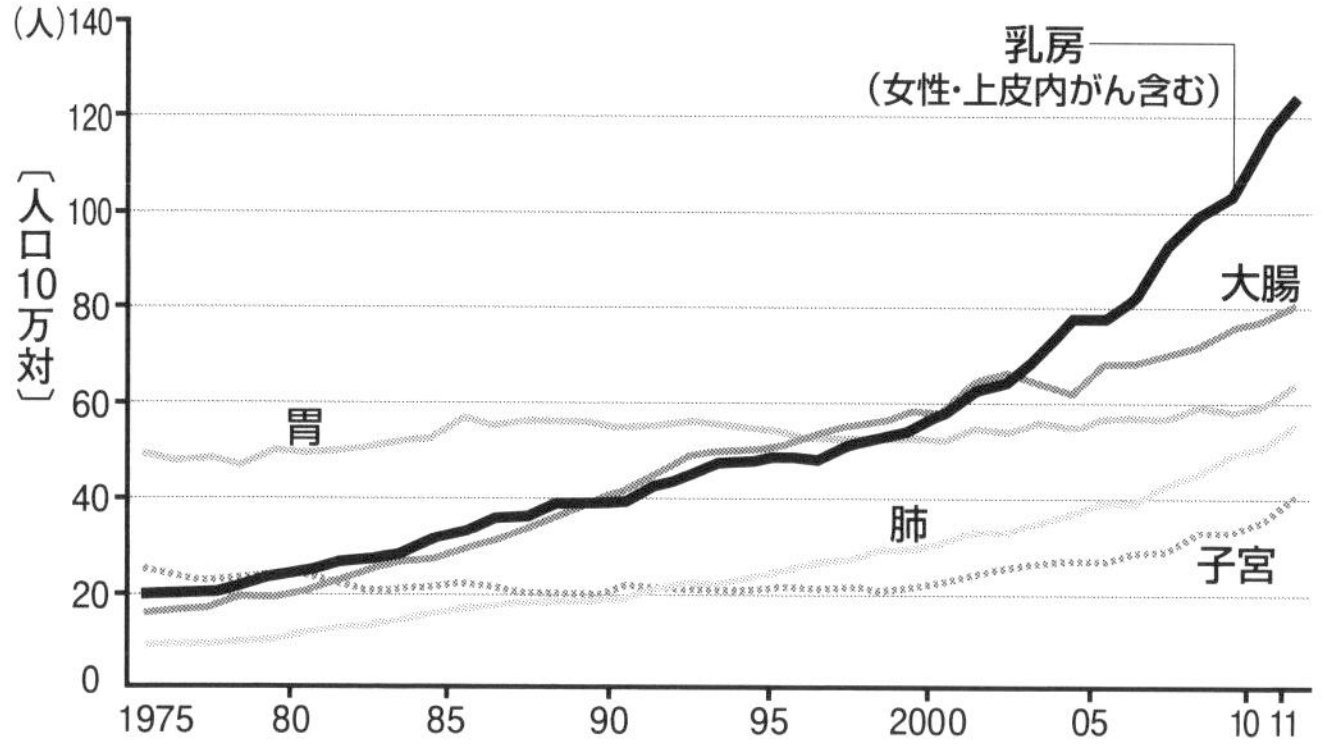

出典:国立がん研究センターがん対策情報センター

農薬や化粧品もリスクを高める

また、乳がんのリスクとして食品、プラスチック、化粧品、家庭用品、医薬品、水、大気など、多様な要因による幅広い影響が検証されています。

これまでの研究の結果から、有害廃棄物処分場の1・6km圏内に住む女性や、塩素系農薬を散布する地域に住む女性は乳がんリスクが高まること、化粧品などで広く使用されているフタル酸エステル類（2章1参照）は、乳がん細胞を増殖させることなどが明らかにされています。

また、化粧品や制汗剤などに含まれるパラベンが、乳がん患者の乳房から多く検出されています（次のページ図参照）。パラベンフリーの製品を選びましょう。

米国がん学会の雑誌では、乳がんの原因になる可能性がある化学物質が、216種特定されました〔1〕。

そのなかには、家庭用品に含まれていて環境ホルモン作用があるパラベンやBPA、DDTなどの農薬のほかに、車の排気ガスやたばこの煙などが含まれています。

世界保健機構（WHO）も「環境ホルモンに関する総合的評価書2012年」で、ホルモンをかく乱する化学物質・環境ホルモンが、乳がんや子宮内膜症など、女性の生殖機能の異常に深く関わっていると指摘しています。

●乳がんに影響？　制汗剤に含まれるパラベン

●メチルパラベン…乳がんの腫瘍から多く検出

●毒性化学物質はわきの下の皮膚から体内に染み込み、血流にのる。制汗剤をスプレーする脇の下は、リンパのすぐ近くにある

「日常生活で知らずに浴びている化学物質が、われわれを病気にしている」と、世界の多くの機関が警告を発しているのです。

科学者が乳製品断ちで乳がんを克服

イギリスの科学者ジェイン・プラント教授は42歳で乳がんになり、乳病切除、放射線照射、抗がん剤治療を経験しました。そして、「乳がんは乳製品によって起こるのではないか」と考え、膨大な文献を考察。食生活から乳製品を完全に断ち切り、再発・転移を克服しました。その経過を著書『乳がんと牛乳——がん細胞はなぜ消えたのか』〔2〕で報告しています。

毎日、牛乳を飲んでいる人は不安になる報告です。

まだ、牛乳が乳がんにどの程度影響するかは解明されていませんが、同書を翻訳した佐藤章夫・山梨医科大学名誉教授は、「現代の牛乳は妊娠中の牛から搾られているため、大量の女性ホルモン（卵胞ホルモンはエストロゲン、黄体ホルモンはプロゲステロン）が含まれており、生クリーム、バター、チーズなどの乳製品の女性ホルモン濃度が高い」と警鐘を鳴らしています〔3〕。

更年期障害の治療などに人工合成ホルモン

また最近、人工的に合成した女性ホルモン（エストロゲン）が、乳がんや心臓病のリスク増加に関与している可能性が濃厚になってきました。

更年期障害の症状緩和のために、各国でホルモン補充療法がすすめられてきましたが、米国が更年期障害のホルモン療法を受けた16万人の女性を調査した結果、心臓病のリスクが上昇していることが判明しました。そして別の調査では、乳がんのリスクが上昇することも明らかになっています。

女性の体内で分泌される一生分の女性ホルモンの量は、およそスプーン1杯程度といわれています。女性ホルモンが「不足しそう」という人びとの不安につけ込み、「肌や髪が美しくなる」「女性らしい丸みを帯びた体のラインになる」などと人工ホルモン剤入りの製品が宣伝されていますが、安易にそれらに頼るのは危険です。女性ホルモン剤入りのクリームなどにも注意しましょう。

〔1〕Brody JG et al. Cancer, 2007
〔2〕ジェイン・プラント著『乳がんと牛乳――がん細胞はなぜ消えたのか』（佐藤章夫訳、径書房、２００８、原題は「Your Life in Your Hands」）
〔3〕世界でもっとも一般的な女性ホルモン剤は、馬の尿から生成するプレマリン（卵胞ホルモン）です。インターネットで簡単に入手できますが、要注意です

・ベビーカーや子ども部屋に殺虫プレートを吊るさない。
・保育園・学校などでは殺虫剤や除草剤を使用しないように要請する。

家・建材

・新しい製品からは有害物質がたくさん揮発するため、妊娠中は新しい家や車、家具などの購入を少なくする。
・家のフローリングは合成樹脂製ではなく、天然の木材を選ぶ。
・防炎加工の製品より、天然素材の製品を選ぶ。
・赤ちゃんがハイハイする床はしっかり掃除する。
・消臭剤には天然もののアロマオイルなどを選ぶ。

心得５カ条

●テレビコマーシャルを鵜呑みにせず、
自分で情報を集めて確かめる

●ネット情報は慎重に調べてから判断する

●有害物質は胎児や乳幼児に対して
影響が大きいことを、肝に銘じる

●製品の成分に疑問があるときは、
直接メーカーに問い合わせる

●危険性を示す証拠がそろうまえに、
予防原則で早めに対応する

●有害物質からあなたと子どもを守るためのポイント

食

- 農薬が少ない野菜や果物を選ぶ。
- 妊娠中は水銀レベルの高い大型の魚（マグロなど）の食べ過ぎに注意する。
- 乳製品の過剰摂取に注意し、加工食品、食品添加物の摂取を減らす。
- プラスチック製品の使用を減らす。とくに柔らかいプラスチックを避ける。
- 食品を電子レンジにかけるときは、プラスチック容器を使わない。
- フッ素樹脂加工やアルミニウム製の調理器具を使用しない。
- レトルトパック入りの食品を、袋ごと鍋で温めない。

衣類

- 子どもの近くで防水スプレーを使用しない。
- 抗菌グッズの購入を減らし、防カビ加工のソックス、靴、衣類は避ける。
- 形態安定加工の衣類を購入しない。
- 消臭・除菌スプレーの使用を避ける。

洗浄・化粧品

- 薬用せっけんより、普通のせっけんを使う。
- 合成洗剤よりせっけんを使用し、柔軟剤の使用は控える。
- 合成香料入りのにおいのきつい製品を避ける。
- フッ素入り歯みがき剤は使用しない。
- 妊娠中のヘアカラーやネイル、とくに子どものヘアカラーはやめる。
- 妊娠中の化粧品の使用は最低限にし、オーガニック、無香料、無添加を選ぶ。

薬

- 抗生物質の使用は必要最小限にして、抗菌剤はなるべく使わない。

殺虫・除草

- 家庭での殺虫剤の使用はやめる。
- 室内でペットのノミ・ダニ退治の薬剤を使用しない。

ています。

●**反農薬東京グループ**

http://home.e06.itscom.net/chemiweb/ladybugs

メールアドレス　npant@n09.itscom.net

農薬問題に幅広く取り組み、情報提供をおこなっています。

●**化学物質問題市民研究会**

http://www.ne.jp/asahi/kagaku/pico

化学物質問題に関する情報提供をおこなっています。ホームページは海外情報が充実しています。

●**ダイオキシン・環境ホルモン対策国民会議**

03-5875-5410　http://kokumin-kaigi.org

有害化学物質に関する研究、情報の収集・提供、政策提言などをおこなっています。

初出

月刊『食べもの通信』（家庭栄養研究会編、食べもの通信社発行）の連載「見えない有害物質と子どもの健康講座」（2013年10月〜 2017年４月号）

困ったとき、不安を感じたときの相談窓口・情報提供機関

公的機関

●国民生活センター（総合案内）

03-3446-0999　　http://www.kokusen.go.jp

消費者の苦情相談や、商品テストの実施をおこなっています。商品テストは個人で依頼もできます。平日の午前11時～午後１時まで。

●消費生活センター

188（局番なし）　　http://www.kokusen.go.jp.go.jp/map

専門機関の紹介や対応策の相談を受け付けています。ただし、化学物質の専門家が常駐しているわけではありません。

●化学製品ＰＬ相談センター

0120-886-931　　https://www.nikkakyo.org/plcenter

化学製品による事故・苦情の相談や問い合わせを受け付けています。午前９時半～午後４時まで

●公害・環境なんでも110番

03-3581-5379　　http://www.ichiben.or.jp/soudan/trouble/nandemo110.html

東京弁護士会、第一東京弁護士会、第二東京弁護士会合同の、公害や環境にかかわる無料電話相談窓口です。毎月第２・第４水曜日の午前10 ～ 12時まで。

NPO・市民団体

●化学物質過敏症支援センター

045-663-8545　　https://cssc4188cs.org/

化学物質過敏症に関する情報提供をおこなっています。毎週水・金曜日　午前10時～午後12時半、午後1時半～ 4時まで。

●日本消費者連盟

03-5155-4765　　http://nishoren.net/

消費者にかかわる製品や食品などの問題点に関する政策提言や、情報提供をおこなっ

知ってびっくり
子どもの脳に有害な化学物質のお話

2017年 9月25日 第1刷発行
2024年 12月25日 第9刷発行

著 者 水野玲子

発行者 古家裕美

発行所 株式会社食べもの通信社
郵便番号 101-0051
東京都千代田区神田神保町1-46
電話 03(3518)0621 ／ FAX 03(3518)0622
振替 00190-0-88386
ホームページ https://www.tabemonotuushin.co.jp/

発売元 合同出版株式会社
郵便番号 184-0001
東京都小金井市関野町1-6-10

印刷・製本 株式会社光陽メディア

■刊行図書リストを無料進呈いたします。
■落丁・乱丁の際はお取り換えいたします。

ISBN 978-4-7726-7706-6 NDC599